U0212158

激光改性再制造技术

崔爱永　胡芳友　等著

其他著者：戴京涛　魏华凯　戚佳睿　赵培仲　易德先
　　　　　胡　滨　卢长亮　刘浩东　付鹏飞

化学工业出版社

·北京·

图书在版编目（CIP）数据

激光改性再制造技术/崔爱永等著. —北京：化学
工业出版社，2017.12
ISBN 978-7-122-30788-0

Ⅰ．①激…　Ⅱ．①崔…　Ⅲ．①激光熔覆-研究
Ⅳ．①TG174.445

中国版本图书馆 CIP 数据核字（2017）第 255239 号

责任编辑：傅四周　　　　　　　　　　　　装帧设计：韩　飞
责任校对：王　静

出版发行：化学工业出版社（北京市东城区青年湖南街 13 号　邮政编码 100011）
印　　刷：三河市航远印刷有限公司
装　　订：三河市聚发装订厂
710mm×1000mm　1/16　印张 13½　字数 255 千字　2018 年 1 月北京第 1 版第 1 次印刷

购书咨询：010-64518888（传真：010-64519686）　售后服务：010-64518899
网　　址：http://www.cip.com.cn
凡购买本书，如有缺损质量问题，本社销售中心负责调换。

定　　价：**69.00 元**

前　言

  飞机等装备在服役过程中，高性能结构件由于腐蚀、摩擦磨损等，损伤不可避免。传统技术无法对损伤区域实施良好修复，需要更换新件，造成极大的浪费和经济损失。激光增材制造技术可以直接实现对损伤结构的三维重建。在恢复损伤结构形状和尺寸的同时，激光表面改性技术（功能梯度、定向凝固）可通过改变材料表面的性能，实现损伤过程的人为可控。同轴送粉喷嘴是激光再制造系统的核心部件之一，是保证激光再制造结构件质量的重要环节之一。目前受同轴送粉喷嘴结构的影响，激光再制造过程中常出现气体保护效果不佳和粉末利用率低的问题，直接影响着成形质量和精度。

  本书以整个团队的长期科研成果为基础，系统地阐述了同轴送粉喷嘴的气体流场和粉末流场，喷嘴气流速率、喷嘴距工件表面距离、工件位置、侧风速度（喷嘴移动速度）对喷嘴气体保护效果的影响，喷嘴结构参数（粉末通道锥角、粉末通道出口宽度）和送粉参数（送粉量、气流速度）对粉末浓度分布的影响；阐述了激光熔覆定向凝固理论与工艺；阐述了激光梯度改性去应力技术。为激光改性再制造技术在航空乃至民用原位修理领域的应用做出理论和实践探索。

  本书对于从事激光加工技术应用和研究、材料加工成形、工程维修等领域的工程技术人员及高等院校师生有较强的参考价值。

  全书由崔爱永、胡芳友等著，易德先、戴京涛、戚佳睿、赵培仲、魏华凯、胡滨、刘浩东、卢长亮、付鹏飞等参与了本书有关的实验研究和编写工作。在本书编写过程中，书中所列的参考文献为编写工作提供了较大的帮助，在此对文献作者表达最诚挚的感谢。

  由于作者水平有限，书中难免有不妥和疏漏之处，敬请广大读者批评指正。

崔爱永　胡芳友
2017 年 7 月于海军航空大学青岛校区

主要符号表

a_p：粉末颗粒加速度

A：喷嘴出口截面积

b_1：喷嘴粉末流出口宽度

c：材料比热

C_D：阻力系数

e：粉末利用率

d_f：粉末流汇聚焦点直径

d_p：粉末颗粒直径

$\overline{d}_{50}$：粉末颗粒中位直径

d_{p1}：喷嘴中心孔出口处半径

f_1：粉末流汇聚焦点距喷嘴出口的距离

f_2：粉末流汇聚起始点距喷嘴出口的距离

F_p：压力梯度力

F_{Ba}：巴赛特力

F_g：浮力

F_D：气流阻力

F_v：附加质量力

g：重力加速度

H：材料的潜热

h_f：对流换热系数

h_r：辐射换热系数

h：综合换热系数

L：喷嘴出口距工件表面的距离

L_e：涡的特征长度

R：粉末颗粒累计频率分布

Re：雷诺数

Re_p：粉末颗粒雷诺系数

Re：气流雷诺数

Pr：普朗特数

P_0：激光输出功率

P：气体压强

q：激光束产生的热流密度

q_f：对流换热

q_r：辐射换热

Q_{1g}：喷嘴中心气体流量

Q_{2g}：喷嘴内环气体流量

Q_{3g}：喷嘴外环气体流量

R_0：激光束有效半径

S：层流段长度

T_L：某随机涡旋生存时间

T_R：颗粒穿过某随机涡旋时间

T_p：颗粒弛豫时间

T_w：工件表面温度

T_e：环境温度

$\overline{u}$：流体时均速度

u'：流体随机脉动速度

u_g：气流速度

u_{1g}：喷嘴中心气流速度

u_{2g}：内环气流速度

u_{3g}：外环气流速度

u_p：粉末速度

u_c：侧风速度

W：重力

V_p：粉末颗粒体积

α：喷嘴粉末通道内壁半锥角

β：喷嘴粉末通道外壁半锥角

ρ：材料密度

ρ_g：气体密度

ρ_p：粉末颗粒密度

η：激光吸收率

λ_g：保护气体热导率

λ：热导率

λ_x、λ_y、λ_z：分别为 x、y、z 方向的热导率

μ：气体动力黏度

ε：实际物体表面的辐射率

σ：斯蒂芬-波尔兹曼常数，$5.67\times10^{-8}\,W/(m^2\cdot K^4)$

目　录

上篇　加工设备篇—激光同轴喷嘴

第5章 喷嘴粉末流场   60

加工设备篇——激光同轴喷嘴

第 1 章

绪　论

1.1　激光再制造技术

激光作为一种高能量密度、非接触、清洁热源进入加工领域以来，解决了许多常规方法无法解决的问题，显著地提高了生产效率和加工质量。激光再制造技术是近年兴起的先进制造技术，以激光熔覆技术为基础，采用激光作为热源，结合计算机辅助设计和制造技术，在飞机结构件的损伤部位实施修复。在激光光斑内同步输送金属粉末，使金属粉末熔化后与基体实现冶金结合，在结构不完整部位逐层堆积，修复损伤的结构件，恢复其几何形状尺寸和性能[1]，近年来，此技术在国际上已受到普遍关注。应用激光再制造技术对发动机、工业模具、输油泵等进行了修复，取得了较好的经济效益和社会效益。如 L. Sexton 等[2]将激光再制造技术用于涡轮发动机叶片的修复。沈阳大陆激光技术有限公司采用激光再制造技术修复从俄罗斯进口的 80 万千瓦汽轮机叶片和轴颈。美国海军实验室用激光再制造技术修复舰船的螺旋桨叶等[3]。在美国俄克拉马州 Tinker 空军基地的后勤维修中心，每年要有约 1200 台发动机进行大修，采用激光再制造技术对叶片进行修复，成本费用平均值仅为更新叶片费用的 20%[4]。

熔覆层与金属基体呈现完全的冶金结合，结合强度不低于原基体材料的 90%。材料成分不受通常的冶金和热力学条件的限制，可在金属基材上熔覆不同成分的材料，因此在金属基材表面形成与基材相互熔合且具有完全不同成分与性能的合金熔覆层。该项技术可广泛用于多种航空材料，可以使维修更迅速、更可靠地完成，其优点为维修过程自动化、热应力小、变形小，能够维修可焊性差的材料，如某些镍基高温合金、铝合金等。同时由于快速凝固和冷却，熔覆区和热影响区都可以保持高强度和韧性。与普通激光熔覆相比，激光再制造技术可以预先对维修区的尺寸和形状进行检测和分析，对维修路径进行优化和设计，对维修工艺和过程进行检测和闭环反馈控制，从而保证了工艺过程更加稳定，可以获得更好的成形和表面质量[5]。

激光熔覆可采用预置粉末、侧向送粉和同轴送粉三种方式。为了保证熔覆层的质量，结构损伤部位激光再制造一般采用同轴送粉方法进行。同轴送粉喷嘴是激光再制造系统的核心技术之一，是保证激光再制造质量的重要环节之一。同轴送粉喷嘴依靠气体动能输送粉末，为激光熔池提供稳定、连续和精确的粉末流，同时喷嘴喷出保护气流，保护激光金属熔池及附近的高温区域，免受空气中有害气体的影响。

激光再制造过程中，经常会出现气体保护效果不好的问题。周围的空气容易混入喷嘴喷出的保护气流中，高温金属熔池容易与混入的空气发生反应，生成氧化物和氮化物，影响再制造的冶金性能，这是制约修复质量和激光再制造技术推广应用的关键因素之一。

喷嘴输送粉末的均匀性、汇聚性能影响损伤结构激光再制造的质量。喷嘴输送的粉末不均匀，将会导致熔覆层在各个方向的性能不均匀。喷嘴输送的粉末汇聚性能差，即喷嘴喷出粉末的最终分散面积大于熔池面积，粉末沉积在熔池外面，将会降低金属零件的性能和结构的准确性。另外，粉末的汇聚性能差将导致粉末的利用率低，降低生产效率和增加生产成本，这也是制约激光快速成型与激光修复的瓶颈之一。

无论是保护气体流场还是粉末流场，都与喷嘴的结构参数、气体参数有着直接的关系，然而至今仍没有行业公认的设计依据，这对于技术的标准化和推广应用十分不利。

1.2 送粉方式

激光再制造过程中，向修复部位添加材料的方式主要有预置法和同步送粉法。预置法采用热喷涂、电镀、电沉积、等离子喷涂或直接粘接、粉末松散铺展等方法，将熔覆层材料预先粘接在基体表面，然后利用激光辐照，使熔覆层材料熔化，进而实现与基材的冶金结合。其优点是不受材料成分的限制，易于进行复合成分粉末的熔覆，工艺简单，操作灵活，但熔覆层易出现气孔、变形、开裂、夹渣等现象，不易获得光滑的熔覆层，增加了机械加工量。此外还存在熔覆层稀释率不易控制、难以实现自动化和粉末材料在激光辐照下定位难等缺陷，影响熔覆材料的性能，在工程上应用较少。

同步送粉法是在激光辐照基体表面的同时，熔覆粉末送入激光辐照区域，在保护气氛条件下，粉末被加热熔化，又迅速在基材表层凝固，形成熔覆层[6]。同步送粉有侧向送粉和同轴送粉两种形式。

1.2.1 侧向送粉

侧向送粉的基本原理如图1-1所示，送粉喷嘴（通常为单管）位于激光束的一侧。侧向送粉有两种送粉方式：一种是正向送入法，即粉末流的运动方向与工件的运动方向小于90°；另一种是逆向送入法，即粉末流的运动方向与工件的运

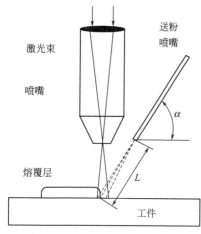

图 1-1　侧向送粉基本原理图

动方向大于 90°。喷嘴位置由喷嘴与工件间的夹角 α 和喷嘴出口距熔池中心的距离 L 决定。根据 Jehnming[7] 建立的粉末利用率模型，粉末利用率与工件上的激光光斑直径和粉末流直径之比有关。在重力作用下，粉末离开喷嘴出口后形成发散的粉末流，离喷嘴出口距离 L 越远，粉末流的横截面积越大，尽可能减小 L，可以提高粉末利用率。当角度 α 增大时，粉末流在工件上的横截面积减小，因此粉末利用率增大。另一个影响侧向送粉粉末利用率的因素是粉末送入方向。一般来说，逆向送粉法的粉末利用率大于正向送粉法，主要是因为逆向送粉使熔池边缘变形，导致液态金属沿表面铺开，增大了熔池的表面积。因此在相同的条件下，逆向送粉法的粉末利用率较高。

　　侧向送粉法的优点是送粉喷嘴粉末出口距激光束喷嘴出口较远，不会出现因粉末过早熔化而阻塞激光束出口的现象。侧向送粉的缺点是只有一个送粉方向，激光束和粉末输入的不对称，限制了激光扫描方向，因此侧向送粉不能在任意方向形成均匀的熔覆层，只适合线形轨迹运动，不适合复杂轨迹运动。激光再制造要求熔覆层各向同性，侧向送粉不能满足激光再制造的要求。

1.2.2　同轴送粉

　　同轴送粉的基本原理如图 1-2 所示，激光辐照基体表面的同时，粉末送入激光束和辐照区域，粉末熔化的同时基体表层熔化，粉末和基体冶金结合在一起，

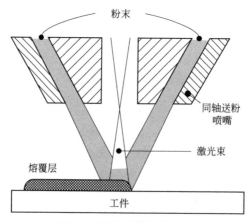

图 1-2　同轴送粉基本原理

其中激光束与粉末流同轴耦合输出。基于同轴送粉熔覆的激光直接制造已发展成快速制造金属实体零件和修复贵重零部件的重要先进技术。

同轴送粉克服了侧向送粉只适合线形轨迹运动而不适合复杂轨迹运动的缺点，能够将粉末均匀分散成环形，汇聚后送入聚焦的激光束中，在加工过程中可以形成不受方向限制的均匀熔覆层。同轴送粉粉末流具有直接制造和激光再制造技术所需的各向同性，适合三维熔覆。但粉末流的各向同性取决于粉末在喷嘴粉末腔内的分布状态，当喷嘴倾斜时，粉末流将会受到重力的影响，同轴送粉喷嘴的倾斜角度将受到限制。同轴送粉的缺点是当喷嘴粉末出口距激光束出口较近时，熔化的粉末容易堵塞喷嘴出口，中断激光加工过程，因此，需要在结构上采取措施，防止堵塞。

同轴送粉法按驱动方式不同可分为重力送粉和载气式送粉。载气式送粉采用气体动力输送粉末，粉末容易分散均匀，可长距离输送，容易实现混合送粉。因此，激光再制造过程中主要使用载气式同步送粉。

1.3　同轴送粉喷嘴

激光同轴送粉喷嘴是激光再制造系统的关键部件之一，同轴送粉的性能影响激光制造的质量和精度。喷嘴应该包括激光输出和粉末均匀汇聚这两项最基本的功能，大多数情况下还应具有冷却和惰性气体保护功能。

激光熔覆、激光表面合金化是应用较早的激光加工技术，相应地产生了用于这些工艺的同轴送粉喷嘴，图 1-3(a) 为早期的同轴送粉喷嘴[8]。该同轴送粉喷嘴分为两个腔，内腔是激光束通道，装有聚焦透镜，对激光束进行聚焦，同时通

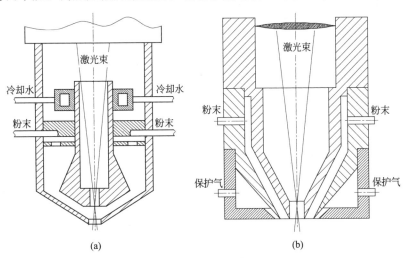

图 1-3　同轴送粉喷嘴

惰性气体，防止激光加工过程中产生的烟尘和飞溅的粉末进入激光束通道；外腔的下端是两个圆锥形成的环形通道，气体输送粉末进入外腔的上部，通过安装在上部金属圆盘上的小孔，粉末均匀地进入粉末通道。但是该喷嘴粉末输送稳定性、均匀性不好，粉末汇聚率低。在激光加工过程中，熔池及附近高温区域保护不好。

为了改善送粉的稳定性和汇聚性，一些科研单位进一步研究了如图1-3（b）所示的同轴送粉喷嘴[9]。该喷嘴与早期的同轴送粉喷嘴相比，增加了外保护气通道，增强了加工过程中的气体保护性能。这种喷嘴在送粉的稳定性和粉末汇聚性方面取得了较大的进步。但是由于喷嘴的粉末出口端面距激光加工工作点的距离较近，飞溅的熔融粉末容易黏附在喷嘴的末端，堵塞粉末出口，不利于长时间的稳定工作。

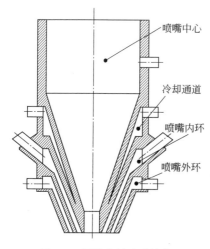

图1-4　同轴送粉喷嘴结构

在此基础上，作者所在中心使用的同轴送粉喷嘴的基本结构如图1-4所示。喷嘴主要包括4个部分：喷嘴中心、冷却通道、喷嘴内环和喷嘴外环。喷嘴中心是激光通道，通入保护气体；冷却通道是通入循环冷却液带走工作时产生的热量，降低喷嘴温度，保证工作过程稳定，延长喷嘴的使用寿命；喷嘴内环是粉末通道，从送粉器出来的粉末分为四路粉末，由气体输送到喷嘴内环环形空腔内，粉末与喷嘴壁面碰撞打散后，形成混合均匀分布的粉末云，经环形通道汇聚后，在出口形成环形汇聚粉末流；喷嘴外环为外保护气体通道。喷嘴的主要材料应该采用耐高温、热导率大的材料，这有助于延长喷嘴的使用寿命。

喷嘴中心

冷却通道

喷嘴内环

喷嘴外环

1.4　喷嘴气体流场

在激光再制造过程中，一般选择惰性气体作为保护气体。保护气体在激光再制造过程中起着非常重要的作用，喷嘴中心的保护气流是保护聚焦透镜免受制造过程中飞溅的颗粒、灰尘、气体污染；内环气流是粉末载气，为激光金属熔池提供稳定、连续和精确的粉末流；外环气流隔绝周围的空气。喷嘴喷出的中心、内环和外环三股气流形成的喷嘴气流隔绝金属熔池及附近高温区域的空气，使金属高温区域免受空气中有害气体的影响，保证制造质量。

同轴送粉喷嘴喷出气流的流场结构与单股射流相比复杂很多。从同轴送粉喷嘴喷出的保护气流不受限制地流入静止的空气中，形成同轴射流，见图 1-5(a)。喷嘴下方存在工件时，从喷嘴喷出的保护气流的外形结构与射流不同，变成了同轴冲击射流，见图 1-5(b)。

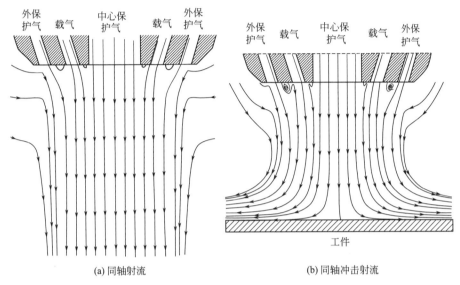

(a) 同轴射流　　　　　　　　　　　(b) 同轴冲击射流

图 1-5　喷嘴气流流线图

对射流的最初研究是通过实验观测和测量单股射流，研究射流的出口形状、出射角度等对射流的平均流动特性的影响，然后建立射流、冲击射流的物理模型和数值模型，最后对单股射流、冲击射流产生的机理、射流的发展过程、射流流动分区、射流的扩散特性和流动特性进行了细致的研究。

(1) 自由射流

射流是指从各种形式的喷管喷出后，流入同种或另一种流体域内运动的一股流体。从喷管喷出的流体射入静止环境中时，由于喷出的流体与周围流体之间存在着速度不连续的速度间断面，速度间断面是不稳定的，一旦受到干扰将失去稳定性而产生涡旋，涡旋卷吸周围的流体进入射流，其影响逐渐向内外两侧发展形成混合层。由于动量的横向传递，卷吸进入的流体取得动量而随同原来射出的流体向前流动，原来的流体失去动量而速度减小。由于卷吸与掺混作用，射流断面不断扩大，而流速则不断减小，流量沿程增加。射流与周围流体的掺混自边缘逐渐向中心发展，经过一定距离发展到射流中心，自此以后射流的全断面都发展为紊流，见图 1-6(a)。

自由紊流射流形成稳定的流动形态后，为了便于分析，常根据不同的流动特性将射流分为几个区域，如图 1-6(b) 所示。由喷嘴出口边界向内外扩展的紊动掺混部分为紊流混合区；中心部分未受紊动掺混影响，并保持喷嘴气流速度的区域为射流核心区。沿着纵向从喷嘴出口至核心区末端的一段称为射流起始段；紊流充分发展以后的射流称为射流主体段；在射流的初始段和主体段之间有一个过渡段。过渡段很短，在分析中为简化此段常被忽略，仅将射流分为初始段和主体段。根据 Alberton（1950 年）等的实验结果和理论分析，自由紊动射流具有以下重要特性[10]：断面流速分布的相似性、射流边界线性扩展、射流的动量守恒。对于平面自由射流，射流的初始段长度 L_0 可近似写为：

$$L_0 \approx 12.06b_0 \tag{1-1}$$

式中，b_0 为平面射流喷管出口的半宽度。

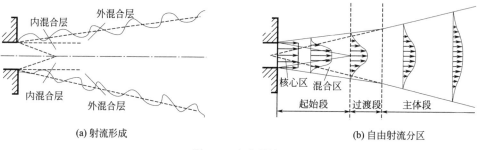

(a) 射流形成　　　　　　　　　　　　　　(b) 自由射流分区

图 1-6　自由射流

对于圆形轴对称自由紊流射流，射流的初始段长度 L_0 可近似写为：

$$L_0 \approx 6.39d \tag{1-2}$$

式中，d 为圆形射流喷管出口的直径。

（2）冲击射流

当具有某一紊流强度的射流流体以一定的出口流速从喷嘴喷出时，冲击到固体壁面或液体表面，就形成了冲击射流。冲击射流在许多工程技术领域都有广泛应用，如飞行器的垂直起降、水力采煤等。

在冲击射流流动情况下，由于边界的限制，射流在发展过程中受到固体壁面的阻碍作用而对壁面产生冲击作用，并伴随有强烈的流线弯曲，通常会产生回流和非定常流动分离。射流在冲击壁面时发生强烈的偏转，产生比自由射流更强的紊动混合。

许多学者对圆形和平面紊流冲击射流的流动特性进行了研究。冲击射流按流动特性可分成三个区域：自由射流区、冲击区和壁面射流区，见图 1-7。自由射流区：射流流动基本没有受到底部固体壁面的影响，其流动特征与自由射流类

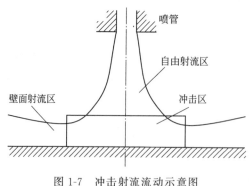

图 1-7　冲击射流流动示意图

似，射流外边界与环境流体之间的剪切等相互作用产生质量、动量和能量交换，射流横向速度分布不断变化，射流横断面扩展。冲击区：射流流动受到壁面的限制，轴向速度急剧减小，底壁附近压强迅速增大，滞止点压强达到最大，形成较大的压强梯度，促使流线快速弯曲，流动转折至逐渐平行于壁面，压强逐渐恢复至静压。壁面射流区：压强基本恢复为静压后，流动为总体沿壁面向外运动，局部速度迅速增大，之后在距离壁面较远处减小，此处流动称为壁面射流。

目前测量喷嘴气体流场主要采用激光阴影法或激光纹影法。激光阴影法是根据光通过不同密度的气流的折射率发生变化，显示出不同的亮度，借此显示出流体的运动状态，适用于显示高速运动气流的运动状态。激光纹影法是根据光线通过不同密度的气流产生的角偏转来显示其折射率，观察屏上测量得到的是由角偏转所引起的屏幕上的相对光强变化。这两种测量方法只能定性测量喷嘴喷出气流的流态变化，不能定量测量喷嘴气流速度的大小。

目前对喷嘴气体的流场主要针对激光切割和焊接用喷嘴进行研究，对结构更为复杂的同轴送粉喷嘴喷出的气体流场研究得很少。对喷嘴气体流场的研究也仅针对喷嘴喷出气体流场本身的研究，没有考虑周围环境气流以及激光加工工艺参数对气体流场的影响。

1.5 喷嘴粉末流场

载气式同轴送粉依靠气体动能将粉末混合均匀，通过管路分四路输送入喷嘴中，然后分散成环形，粉末汇聚后送到金属熔池中。载气式同轴送粉系统中，粉末颗粒在气流中运动，属于气固两相流动。同轴送粉中粉末流空间分布的特性，主要由同轴送粉喷嘴的角度、喷嘴出口宽度等几何结构决定，喷嘴外保护气流对粉末流也有一定的影响。

Lin Li 等[11]在不考虑外保护气、粉末颗粒之间和粉末与喷嘴壁面之间的碰撞下，建立了直角坐标系下激光同轴送粉的解析模型，见图 1-8(a)，建立了相应的粉末浓度空间分布解析表达式。

粉末流汇聚点前的粉末浓度：

$$C(y,z) = = \frac{4m'}{Q\sqrt{\pi}\,\mathrm{erf}[1]} \exp\left[-\frac{(r_i + r_o - 2y - 2z\tan\theta)^2}{(r_o - r_i)^2}\right] \qquad (1\text{-}3)$$

粉末流汇聚点粉末浓度：

$$C\left(y, \frac{r_i + r_o}{2\tan\theta}\right) = = \frac{4m'}{Q\sqrt{\pi}\,\mathrm{erf}[1]} \exp\left[-\frac{4y^2}{(r_o - r_i)^2}\right] \qquad (1\text{-}4)$$

粉末流汇聚点后的粉末浓度：

$$C(0,z) = = \frac{4m'}{Q\sqrt{\pi}\,\mathrm{erf}[1]} \exp\left[-\frac{(r_i + r_o - 2z\tan\theta)^2}{(r_o - r_i)^2}\right] \cdot \qquad (1\text{-}5)$$

式中，m' 为送粉量；Q 为气体流量；r_o 为粉末喷嘴外径；r_i 为粉末喷嘴内径；θ 为粉末喷嘴的半锥角。

由式(1-3)～式(1-5) 绘出喷嘴粉末流沿喷嘴中心轴线的浓度分布，见图1-8(b)。

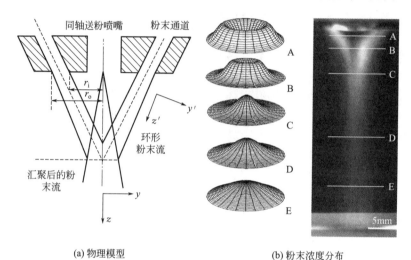

(a) 物理模型   (b) 粉末浓度分布

图 1-8　Lin Li 建立的粉末流模型

杨洗陈等[12] 考虑了重力等作用对粉末的影响，建立了喷嘴粉末流模型，见图 1-9。在该模型中提出了粉末流聚焦概念，定义了粉末流聚焦参数，导出了同轴送粉中粉末流浓度场的解析表达式，揭示了喷嘴粉末流的分布特征。图中的符号意义如下：r 为粉末通道的内壁直径，w 为粉末通道的出口宽度，α 为粉末通

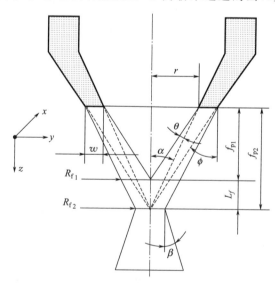

图 1-9　杨洗陈建立的粉末流模型

道内壁与喷嘴中心轴线的夹角，ϕ 为粉末通道外壁与喷嘴中心轴线的夹角，θ 为粉末聚焦前的粉末流发散角，β 为粉末聚焦后的粉末流发散角，f_{p1} 为粉末流的上焦点，f_{p2} 为粉末流的下焦点，R_{f1} 为粉末流上焦点的半径，R_{f2} 为粉末流下焦点的半径，L_f 为粉末流的焦长（$L_f = f_{p2} - f_{p1}$）。粉末流分三个区域表示：

（1）$0 < z < f_{p1}$ 环状粉流区

在此区间，粉末流与激光束不存在相互作用。在 xy 截面上，粉末流呈环形分布。令 S 为环形粉末流的截面积，$C(z)$ 为粉末流的浓度，M_p 为粉末流的质量流率，V_p 为粉末流的平均速度，则：

$$C(z) = \frac{M_p}{V_p S} = \frac{M_p}{\pi V_p \{[r + w - z\tan(\phi - \theta)]^2 - [(f_{p1} - z)\tan(\alpha + \theta)]^2\}} \tag{1-6}$$

（2）$f_{p1} < z < f_{p2}$ 环状焦柱区

$$C(z) = C_0(z)\exp\left\{-\frac{x^2 + y^2}{[r_f(z)^2]}\right\} \tag{1-7}$$

式中，$C_0(z) = \dfrac{M_p}{\pi V_p[R_{f2} + (f_{p2} - z)\tan(\phi - \theta)]^2}$；$r_f(z) = R_{f2} + \dfrac{L_f}{R_{f1} - R_{f2}}(f_{p2} - z)$。

（3）$z > f_{p2}$ 圆锥形粉流区

在此区间，聚焦后的粉末流开始发散，形成发散角为 β 的圆锥形粉末流。

$$C(z) = \frac{M_p}{V_p S} = \frac{M_p}{\pi V_p\left(z\dfrac{R_{f2}}{f_{p2}}\right)^2} \tag{1-8}$$

上述模型是在近似情形下建立的解析表达式，虽然直观形象地表达了粉末流浓度空间分布特征，但没有考虑气流与粉末之间的相互作用、粉末颗粒之间的相互作用关系，只能得到近似的结果，与实际的粉末浓度分布有差异。公式中的一些参数如粉末发散角需要进行实验测量才能得到，不方便在工程上应用，而粉末发散角受气流等其他因素的影响而会发生改变。粉末流解析式只能估计粉末的浓度分布，不能得出粉末流的速度分布。

目前对喷嘴喷出粉末流场的研究主要集中在自由粉末流，对粉末流冲击工件表面、粉末流在工件边缘时的情况缺乏研究。

参考文献

［1］　胡芳友，回丽，易德先，等 . 飞机损伤的激光抢修技术［J］. 中国激光 . 2009: 36(9): 2245-2250.

［2］　Sexton L, Lavin S, Byme G, et al. Laser cladding of aerospace materials［J］. Journal of Materials Processing Technology. 2002: 122(1): 63-68.

［3］　陈江，刘玉兰，陈江．激光再制造技术工程化应用［J］．中国表面工程．2006，19(5)：50-55.

［4］　王茂才，吴维．先进的燃气轮机叶片激光修复技术［J］．燃气轮机技术，2001，14(4)：53-56.

［5］　徐向阳，陈光南，刘文今．先进的激光直接制造技术与现代航空装备维修［J］．航空维修与工程，2004，48(3)：28-30.

［6］　靳晓曙，杨洗陈，王云山，等．激光三维直接制造和再制造新型同轴送粉喷嘴的研究［J］．应用激光，2008，28(4)：266-270.

［7］　Jehnming Lin. A simple model of powder catchment in coaxial laser cladding［J］. Optics & Laser Technology, 1999, 31(3): 233-238.

［8］　吴任东，徐国贤，颜永年．直接金属成形喷射技术［J］．机械设计，2005，22(1)：5-7.

［9］　Lin J, Steen W M. Powder flow and catchment during coaxial laser cladding［C］. SPIE, 1997, 3097: 517-528.

［10］　余常昭．紊动射流［M］．北京：高等教育出版社，1993：89.

［11］　Andrew J Pinkerton, Lin Li. Modelling powder concentration distribution from a coaxial deposition nozzle for laser-based rapid tooling［J］. Journal of Manufacturing Science and Engineering, 2004, 126(1): 33-41.

［12］　杨洗陈，雷剑波，刘运武，等．激光制造中金属粉末流浓度场的检测［J］．中国激光，2006，33(7)：993-997.

第 2 章

喷嘴气体保护范围

金属的抗氧化性能随着温度变化而变化，一般来讲随着温度的升高，金属的抗氧化性能降低，当超过某一温度时，金属材料的抗氧化性能急剧下降[1]。在激光再制造过程中，需要对某一温度以上的区域实施保护，防止金属氧化，降低激光再制造的质量。

钛是一种非常活泼的金属，与氧的亲和力很大，在通常的使用温度下会生成一种极薄、致密和稳定的氧化膜。该氧化膜具有保护作用，可以阻止氧向金属内部扩散，防止进一步氧化，因此钛在常温下具有很高的稳定性和耐腐蚀性。在800℃以上时，氧化膜将分解，氧原子会进入金属内部，继续反应，氧化膜失去保护作用，同时会强烈吸收 O_2、N_2、H_2，随着温度的升高，吸收能力也随之上升。在钛合金激光再制造过程中，如果不采取保护措施，熔覆区的金属将吸收大量的气体。高温下生成的化合物组织疏松，使得反应向金属内部扩展。氧和氮在相当高的浓度范围内与钛形成间隙固溶体，降低金属的塑性。氢和钛也有极强的亲和力，钛吸收氢后形成氢化钛，通常沿孪晶线滑移面析出，从而增加了金属的氢含量，使韧性急剧下降，增大了形成冷裂纹倾向，并增加了对缺口的敏感性[2]。

因此在激光再制造过程中，需要对激光金属熔池及附近的高温区域实施保护。有些构件尺寸较大，不能置于惰性气体保护装置中实施保护，要靠同轴送粉喷嘴喷出的保护气流，隔离空气，保护金属熔池及附近高温区域。保护范围的大小由激光再制造过程中的熔覆温度场确定。

2.1 温度场

钛合金在飞机结构及航空发动机上的用量不断扩大，成为航空结构使用的主要金属材料之一。TC4 钛合金在 430℃ 以下长时间加热，会形成很薄而且具有保护性的氧化膜。随着温度的升高，氧化膜增厚，同时其保护性变差。在 700℃ 加热 2h 后，氧化膜厚度达到 $25\mu m$。在 800℃ 以上的温度加热形成疏松的氧化层，失去保护作用[3]。激光再制造过程是一个快速加热、急剧冷却的过程，加工区域处于高温的时间很短（＜0.5s）。从钛合金的抗氧化性能来看，需要对 700℃以上的区域实施保护。

而飞机结构铝合金在常温下形成一层致密的氧化膜 Al_2O_3，该氧化膜在温度达到 950℃ 左右时还具有良好的稳定性，一般铝合金的熔点在 600℃ 左右，所以铝合金激光再制造过程中，仅需要保护好激光熔池区域，就能获得良好的保护性能。激光再制造过程中，铝合金需要保护的范围比钛合金要小很多。

2.1.1 物理模型

激光再制造技术基于激光熔覆，因此对激光熔覆的温度场进行分析。为了对激光熔覆过程进行严格的数学定义，对激光熔覆过程描述如下：工件置于一维工作台上，以恒定的速度 v 单向运动，激光束以恒定功率垂直射入工件表面上，同时金属粉末输送到金属熔池中，一部分入射光反射，另一部分被金属粉末和工件吸收转换为热能，当吸收的能量超过临界值后，金属粉末和工件表面熔化，冶金结合在一起，形成熔覆层。由于工件匀速移动，当到达准稳态后，线状熔覆层的形状保持稳定不变。激光熔覆物理模型见图 2-1，激光对材料的作用视为材料在激光的照射下吸收部分光能并将其转换为热能，再从辐照区向周围介质扩散，被辐照区域经历快速加热、急剧冷却的过程。

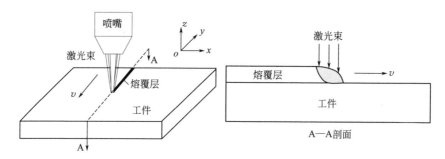

图 2-1　激光熔覆物理模型

激光熔覆过程中，影响传热的因素众多，过程十分复杂。温度场的分布情况可以确定需要气流保护范围的大小，不需要考虑熔池的演化过程。为了比较准确地表达其过程，必须忽略次要的影响因素，对该过程进行合理的简化，因而做如下假设[4]：

① 连续型激光作为移动热源，激光束能量密度服从高斯分布，垂直射入工件表面；

② 工件表面只有熔化，没有气化；

③ 忽略熔池内部对流、化学反应等现象，用等效热传导系数方法补偿对流

传热与传导传热的差异；

④ 材料各向同性，即材料的热物性参数与材料内部的空间位置无关，仅随温度的变化而变化。

2.1.2　热传导方程

由于激光熔覆是小面积、快速的热流输入方式，熔池局部快速加热至高温随后急剧冷却。随着热源的移动，熔覆温度随时间和空间急剧变化，材料的热物理性能也随着温度剧烈变化，同时还存在熔化和相变潜热现象。因此，激光熔覆温度场属于典型的非线性瞬态热传导问题，热传导方程可用式（2-1）表示[5]。

$$\frac{\partial}{\partial x}\left(\lambda_x \frac{\partial T}{\partial x}\right) + \frac{\partial}{\partial y}\left(\lambda_y \frac{\partial T}{\partial y}\right) + \frac{\partial}{\partial z}\left(\lambda_z \frac{\partial T}{\partial z}\right) + H(T) = \rho(T)c(T)\frac{\partial T}{\partial t} \qquad (2-1)$$

式中，λ_x、λ_y、λ_z 为材料沿 x、y、z 三个方向的热导率；$\rho(T)$ 为材料的密度；$c(T)$ 为材料的比热；$H(T)$ 为材料的潜热；T 为温度场分布函数；t 为传热时间。

上述偏微分方程，必须在确定初始条件和边界条件后方可讨论方程的定值问题，这些参数中 ρ、c、λ 随温度变化而变化。

2.1.3　初始条件和边界条件

（1）初始条件

初始条件是指对于非稳态导热来说，必须给出开始时刻物体的温度。假设工件的初始温度为周围环境温度。

$$T|_{t=0} = 293\text{K} \qquad (2-2)$$

（2）边界条件

根据物体表面热平衡的物理含义，工件表面达到热平衡时必须满足：任意时间间隔内，从该工件表面单位面积向工件内部传导的热能等于对流换热向外界散发的热能以及通过表面辐射向外散发的热能之和，减去该区域从激光束吸收的能量，即：

$$-\lambda \frac{\partial T}{\partial n} = q_f + q_r - \eta q(x, y, t) \qquad (2-3)$$

式中，q_f 为对流散热，$q_f = h_f(T_w - T_e)$，h_f 为对流散热系数；q_r 为辐射散热，$q_r = \varepsilon\sigma(T_w^4 - T_e^4) = h_r(T_w - T_e)$，$\varepsilon$ 为实际物体表面辐射率，σ 为斯蒂芬-波尔兹曼常数，$5.67 \times 10^{-8}\,\text{W/(m}^2 \cdot \text{K}^4)$，$h_r$ 为辐射换热系数；$\partial T/\partial n$ 为材料温度沿表面外法线方向的偏导数；λ 为热导率；T_w 为工件表面温度；T_e 为环境温度；η 为激光吸收率；$q(x, y, t)$ 为激光束产生的热流密度。

① 工件上表面（熔池区域）。工件上表面存在对流散热和辐射散热这两种形式的散热，还有从激光束吸收的能量。将辐射放热系数和对流放热系数叠加，得到综合对流系数 h [6]，则由式（2-3）可得：

$$-\lambda \frac{\partial T}{\partial n} = h(T_w - T_e) - \eta q(x, y, t) \tag{2-4}$$

式中，$h = (h_f + h_r)$。

② 工件上表面（非熔池区域）。工件上表面存在对流散热和辐射散热，则：

$$-\lambda \frac{\partial T}{\partial n} = h(T_w - T_e) \tag{2-5}$$

③ 工件周围。工件周围存在对流换热和辐射换热，则：

$$-\lambda \frac{\partial T}{\partial n} = h(T_w - T_e) \tag{2-6}$$

④ 工件下表面。工件下表面热量散发很少，假定为绝热边界。

$$-\lambda \frac{\partial T}{\partial n} = 0 \tag{2-7}$$

在激光熔覆过程中，从喷嘴喷出的保护气流吹向工件表面，在喷嘴下方区域造成强制对流，邻近区域由于保护气流流散造成强制对流，在远离熔池区域没有保护气流的热交换作用，形成自然对流。如果试件的尺寸小，则只存在强制对流而没有自然对流。

熔覆过程热能的损失主要通过辐射，温度越高则辐射热作用越强，而对流作用相对较小，一般在 300～400℃ 的区域，辐射损失超过对流损失。综合考虑对流损失和辐射损失，则综合散热系数为：[7]

$$h = \begin{cases} 0.066\ 8T & 0 < T < 500℃ \\ 0.231T - 82.1 & T \geqslant 500℃ \end{cases} \tag{2-8}$$

考虑保护气体流散作用，则上表面的强制对流散热系数为：[7]

$$h_f = \begin{cases} 86 & 0 < T \leqslant 87℃ \\ 79.587 + 0.074T & 87℃ < T \leqslant 277℃ \\ 100 & T > 277℃ \end{cases} \tag{2-9}$$

2.1.4 激光热源

激光的热源模型主要有高斯热源模型和双椭球热源模型两种[8]。

（1）高斯热源模型

高斯热源模型指输入的热流密度为高斯分布的表面热源模型，如图 2-2(a) 所示。固定坐标系中的高斯热源模型为：

$$q(x, y, t) = \frac{3\eta P_0}{\pi R_0^2} e^{-3x^2/R_0^2} e^{-3[y + v(\tau - t)]^2/R_0^2} \tag{2-10}$$

式中，P_0 为激光输出功率；R_0 为光斑有效半径；时间因子 τ 为 $t=0$ 时的热源位置；v 为激光扫描速度；此时 $x^2+[y+v(\tau-t)]^2 \leqslant R_0^2$；当 $x^2+[y+v(\tau-t)]^2 > R_0^2$ 时，$q(x,y,t)=0$。

（2）双椭球热源模型

A. Goldak 提出了双椭球热源模型，如图 2-2（b）所示。该模型前半部分是一个 1/4 椭球，后半部分是另一个 1/4 椭球。

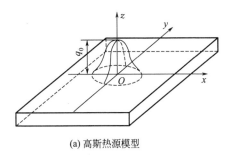

(a) 高斯热源模型

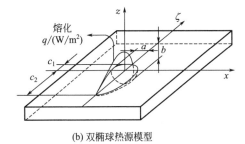

(b) 双椭球热源模型

图 2-2　激光热源模型

前椭球能量分布密度：

$$q(x,y,z,t)=\frac{6\sqrt{3}f_f\eta P_0}{abc_1\pi\sqrt{\pi}}e^{-3x^2/a^2}e^{-3z^2/b^2}e^{-3[y+v(\tau-t)]^2/c_1^2} \tag{2-11}$$

后椭球能量分布密度：

$$q(x,y,z,t)=\frac{6\sqrt{3}f_r\eta P_0}{abc_1\pi\sqrt{\pi}}e^{-3x^2/a^2}e^{-3z^2/b^2}e^{-3[y+v(\tau-t)]^2/c_2^2} \tag{2-12}$$

式中，f_f、f_r 分别为前、后椭球的能量分数，$f_f+f_r=2$，一般取 $f_f=0.6$，$f_r=1.4$；参数 a、b、c_1、c_2 可通过实验得到，若没有很好的实验数据，通常取 a 为光斑半径，b 为激光熔池深度，c_1 取 a 的 $1/2$，c_2 取 a 的 2 倍。

激光熔覆过程中，熔池较浅，采用高斯热源模型可以得到满意的结果，因此选择高斯热源模型。

2.1.5　相变潜热

金属熔化或凝固时，伴随着吸收（加热过程）或释放（冷却过程）大量潜热，固态组织转变的潜热，虽然不像熔化或凝固时的潜热那样大，也不可忽略，都会影响熔覆过程中的温度场分布。从数学角度来讲，潜热释放使传热控制方程成为高度非线性问题，给求解带来一定的困难。潜热处理直接影响模型的计算精度，通常采用的处理方法有等价比热容法、温度回升法、热焓法[9]。

等价比热容法在计算中假设潜热均匀释放，则该方法适用于处理结晶温度范围较宽的合金，对于纯金属或共晶合金等凝固温度区间较窄的金属凝固模拟，误差较大。温度回升法是金属凝固所释放的潜热使单元体的自身温度做相应的回升，适用于处理熔点温度恒定材料（如纯金属或者共晶合金）的潜热释放过程。热焓法是通过定义材料随温度变化的焓处理相变潜热。根据定义的密度和比热可计算该节点温度下的热焓，进而把潜热考虑进去，图 2-3 给出了相变时热焓随温度变化曲线示意图。该方法适合各种情况的凝固过程模拟，不会产生等价比热法和温度回升法带来的问题，因此选择热焓法处理潜热问题。其数学定义为：

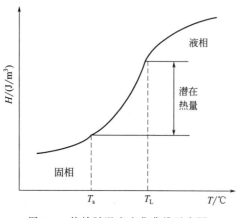

图 2-3　热焓随温度变化曲线示意图

$$\Delta H(T) = \int_{T_0}^{T} \rho c(\tau) \mathrm{d}\tau \tag{2-13}$$

式中，ΔH 为热焓。

2.1.6　材料的热物性参数

激光熔覆过程是一个非线性瞬态热传导问题，热物性参数如热传导率、比热容等随温度的变化而变化，温度场的模拟需要考虑材料的热物性参数随温度的变化。TC4 钛合金的热物性参数来自材料手册，手册中仅有 600℃ 以下的数据，缺乏高温区域的热物性参数。物质的热导率和比热容不但因物质的种类而异，而且和物质的温度、压力等因素有关，大部分合金和工程材料的热导率和比热可以认为是温度的线性函数。根据式(2-14) 得出高温区域的热物性参数。熔池内存在对流现象，一般采用人为提高热导率值进行处理[8]，即超过 TC4 钛合金熔点（1650℃）的区域采用 120W/(m·K) 热导率。

$$\lambda = \lambda_1 + a_1(T - T_1)$$
$$c = c_1 + b_1(T - T_1) \tag{2-14}$$

式中，λ、c 为高温下的热导率和比热；T_1 为某参考温度；λ_1、c_1 为某参考温度时的热导率和比热，a_1、b_1 为实验确定的比例常数。

TC4 钛合金的热物性参数：密度 ρ 为 4.44g/cm³，熔点为 1630～1650℃，热导率和比热见式(2-15) 和式(2-16)。

$$\lambda = \begin{cases} 3.748 + 0.0104T & T \leqslant 500K(1K = -273.15℃) \\ 4.534 + 0.0094T & 500K < T \leqslant 1000K \\ -186.201 + 0.1592T & 1000K < T \leqslant 1650K \\ 120 & T > 1650K \end{cases} \quad (2-15)$$

$$c = \begin{cases} 554.842 + 0.1917T & T \leqslant 500K \\ 89.238 + 0.7940T & 500K < T \leqslant 1000K \\ -368.846 + 1.1538T & 1000K < T \leqslant 1650K \\ 1850 & T > 1650K \end{cases} \quad (2-16)$$

2.1.7 表面吸收系数

在激光熔覆过程中，吸收系数是一个十分重要的物理量，它直接决定材料对激光能量吸收多少。吸收系数受材料的性质、激光波长和入射角、材料温度的影响。在激光加工过程中，激光波长和入射角对吸收系数的影响较小，温度对吸收系数的影响较大。赵光兴等[10]在原子能级分布和受激吸收理论的基础上，对金属材料的吸收系数与温度之间的关系进行了研究，提出了一个表示吸收系数 η 与温度 T 之间关系的公式：

$$\eta(\nu, T) = \frac{B_{12} N g_1 h\nu}{C} \sqrt{1 + \frac{\pi N e^2}{m_e \omega_0} \frac{\omega_0 - \omega}{(\omega_0 - \omega) + \xi^2/4}} \left[1 - \exp\left(\frac{-h\nu}{k_B T}\right)\right] \exp\left(\frac{-h\nu}{k_B T}\right)$$

$$(2-17)$$

式中，ν 为激光频率；B_{12} 为受激吸收系数；N 为全部原子总密度；g_1 为能级简并度；h 为普朗克常数，$6.626 \times 10^{-34}/(J \cdot s)$；$C$ 为真空中的光速；m_e 为电子质量；k_B 为波尔兹曼常数，$1.38 \times 10^{-23}/(J/K)$。

对于 CO_2 激光，波长为 $10.6\mu m$，代入式（2-17）可得吸收系数随温度变化情况，见表2-1。

表2-1 吸收系数与温度之间的关系

温度/K	吸收系数	温度/K	吸收系数	温度/K	吸收系数
293	0.010	793	0.148	1293	0.227
393	0.031	893	0.171	1393	0.235
493	0.060	993	0.190	1493	0.241
593	0.091	1093	0.205	1593	0.245
693	0.021	1193	0.218	1693	0.247

2.1.8 有限元模型

一般激光金属熔池的大小与聚焦激光束的有效半径（$R_0 = 1mm$）相差不大，

金属熔池的尺寸与工件的尺寸相比要小很多。因为试样的对称性,加载的激光热源也是对称的,所以取试样的一半作为研究对象,以过激光束中心线和激光束移动方向的平面作为对称面,基体和有限元计算的网格划分如图2-4所示(A为熔覆层中点)。激光束的功率密度高,有效加热区域小,因而靠近熔覆区的网格划分较密,其他区域网格划分较为稀疏。这种处理是保证精度的前提下,节省计算时间。

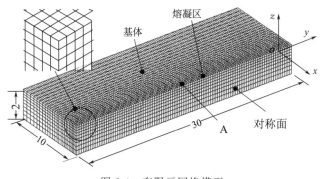

图 2-4   有限元网格模型

2.1.9 结果分析

将试样固定在夹具上,再将夹具固定在数控工作台上;激光器产生的激光束经反射镜、透镜聚焦后,垂直辐照在试样表面上,粉末流的汇聚点与激光束的聚焦点重合;安装于支架上的红外测温仪对准激光束与试样表面的交点,测温仪轴线和激光束轴线的夹角小于30°。在激光熔覆过程中,仅数控工作台作匀速直线运动,可视红外测温仪始终对准金属熔池中心,跟踪测量熔池中心温度,并通过R232接口将信号传输到计算机上实时显示并记录。喷嘴喷出氩气进行保护,防止试样表面发生氧化,测温装置见图2-5。

用 Ansys10.0 对激光熔覆温度场进行计算,计算激光熔覆的温度场动态变化过程以及激光工艺参数对温度场的影响,根据温度场确定需要保护范围的大小。

图 2-6 为红外测温仪测量得到的熔池温度曲线和计算得到的熔池温度曲线。从图中可以看出,红外测温仪测量得到的熔池温度的平均值与计算结果基本相符,实验测量得到的熔池温度的波动幅度为$\pm 200℃$。这是因为在大功率激光加工过程中,激光器的输出功率并不稳定,而是在一个范围内涨落,由于加工时聚焦激光束的光斑直径很小,这会造成明显的功率密度波动。如激光器输出功率在1kW 以上,功率波动幅度为30W,聚焦激光束的光斑直径为 2mm 时,功率密度波动幅度达 10^7 W/m²,且随着聚焦光斑直径减小,功率密度的波动幅度增

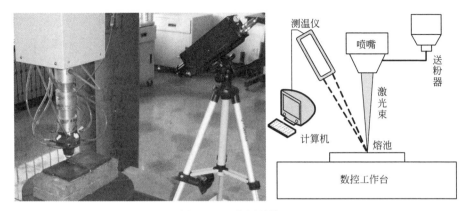

图 2-5 温度测量装置

大，这样大功率密度波动会对熔池温度造成较大的影响。

图 2-7 为试样熔覆层中点 A 处熔池温度随着时间变化的曲线。从图中可以看出，在激光辐照瞬间，该点温度急剧上升，近似直线，升温速度约为 $1.6 \times 10^4 \, ℃/s$。当激光束移出该点时，在热传导的作用下，热量向周围扩散，温度急剧下降，近似双曲线中的一支，降温速度约为 $1.8 \times 10^3 \, ℃/s$。表现出典型的快速熔凝特征，升温速度比降温速度大一个数量级，该点温度高于 $700℃$ 的时间小于 $0.5s$。

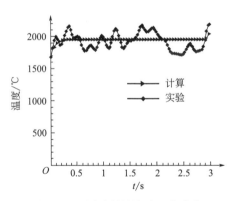

图 2-6 不同时刻的熔池温度曲线

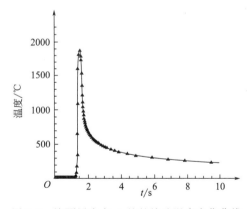

图 2-7 熔覆层中点 A 处的熔池温度变化曲线

2.2 保护范围

图 2-8 为光斑有效半径 $R_0 = 1mm$，$t = 0.5s$、$1.0s$、$1.5s$、$2.0s$ 时，根据数值计算得到的温度场。从图中可以看出，在激光热源向前移动扫描的过程中，熔

池随激光热源同时移动，熔池区域温度最高，熔池附近温度梯度较大，远离熔池区域温度梯度较小。在激光束开始辐照时，温度场并没有达到平衡状态，随着激光束的移动，温度场随之变化，过了起始段后，温度场达到准稳态。激光束辐照区域前方等温线密集，温度梯度大，后方等温线稀疏，温度梯度小。

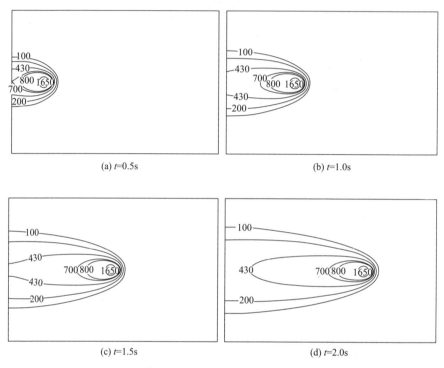

图 2-8　不同时刻的温度场分布

在 TC4 钛合金激光再制造过程中，需要对 700℃ 以上的区域实施保护，保护半径为激光束中心到 700℃ 等温线的最大距离。从图 2-8 可以看到，在激光束开始辐照时，需要保护的范围小，随着激光束的移动，需要保护的范围增大，然后达到一个稳定值。

2.2.1　激光功率对保护范围的影响

图 2-9 是计算得到的激光功率与熔池温度之间的关系。从图中可看出，熔池温度与输入的激光功率呈近似的线性关系，随着激光功率的增加，熔池温度升高。图 2-10 为激光功率与保护半径之间的关系，从图中可以看出，随着激光功率的增加，需要保护的范围增大。

因为在其他工艺参数不变的情况下，随着激光功率的增加，熔化的金属粉末增加，基体吸收的能量也增加，熔池的温度随之升高。而熔池内的热量通过热传导作用向周围扩散，熔池吸收的能量越多，向周围扩散的热量越大，因此需要保护的范围也越大。当然激光功率不能无限制地增加，因为在其他工艺参数不变的情况下，随着激光功率的增加，熔池的温度随之升高，当熔池温度超过金属的沸点时，将造成熔覆层烧损，严重时熔覆层表面会陷入基体中，形成较深的沟槽。

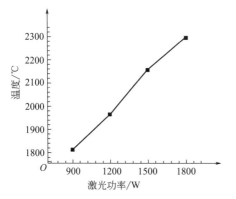

图 2-9 激光功率与熔池温度的关系曲线

图 2-10 激光功率与保护半径的关系曲线

2.2.2 扫描速度对保护范围的影响

图 2-11 是熔池温度随激光扫描速度的变化曲线。从图中可以看出，随着扫描速度增大，熔池温度降低。图 2-12 为激光扫描速度与保护半径之间的关系，从图中可以看出，随着扫描速度增大，需要保护的范围减小。

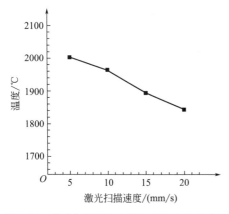
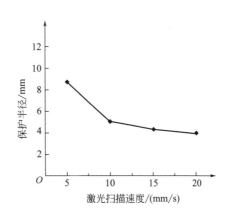

图 2-11 激光扫描速度与熔池温度的关系曲线　图 2-12 激光扫描速度与保护半径的关系曲线

在其他工艺参数不变的情况下，随着激光扫描速度减小，激光与粉末和基体交互作用的时间延长，熔池吸收的激光能量增加，熔池温度随之升高，需要保护的范围也增大。当然激光扫描速度不能无限制地减小，因为在其他工艺参数不变的情况下，激光扫描速度过慢，熔池的温度过高，将造成熔覆层烧损。

2.2.3　保护范围

熔池内的热量通过热传导作用向周围扩散，因此熔池的温度直接影响温度场

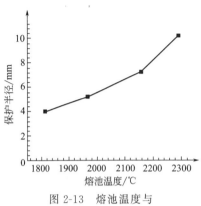

图 2-13　熔池温度与
保护半径的关系曲线

的分布，也就决定了需要保护范围的大小，而激光功率、扫描速度仅影响熔池的热输入量。

图 2-13 为根据计算得出的温度场，得到的熔池温度与保护半径的关系。从图中可以看出，随着熔池温度的升高，需要保护的范围增大。但是熔池温度不能过高，否则将造成熔覆层烧损，降低激光再制造质量。TC4 钛合金的熔池温度应低于 2500℃，对图 2-13 中的熔池温度与保护半径进行数据拟合，可以得到最大保护半径 $R_L = 14.3$mm，为保险起见，取 $R_L = 15$mm。

参考文献

[1]　肖纪美. 金属高温氧化和热腐蚀 [M]. 北京：化学工业出版社，2003：206-212.

[2]　杜汉斌. 钛合金激光焊接及其熔池流动场数值模拟 [D]. 华中科技大学，武汉：2003.

[3]　《中国航空材料手册》编辑委员会. 钛合金铜合金 [M]. 第 2 版. 北京：中国标准出版社，2002：106-107.

[4]　Shawn M. Kelly. Characterization and thermal modeling of laser formed Ti-6Al-4V [D].Blacksburg, Virginia：2002.

[5]　章熙民，任泽霈，梅飞鸣. 传热学 [M]：第 4 版. 北京：中国建筑工业出版社，2001：15-17.

[6]　K. Vanmeensel, A. Laptev, J. Hennicke et al. Modelling of the temperature distribution during field assisted sintering [J]. Acta Materialia, 2005, 53(10): 4379-4388.

[7]　郑振太，单平，罗震，等. CO_2 气体保护焊温度场的数值模拟 [J]. 天津大学学报，2007，40(2)：234-238.

[8]　莫春立，钱百年，国旭明，等. 焊接热源计算模式的研究进展 [J]. 焊接学报，2001，22(3)：93-96.

[9]　徐瑞. 材料科学中数值模拟与计算 [M]. 哈尔滨：哈尔滨工业大学出版社，2005：63-67.

[10]　赵光兴，李绍民. 吸收系数与温度之间的关系 [J]. 华东冶金学院学报，1999，16(1)：34-36.

第 3 章

喷嘴流场实测方法

由固体力学散斑法发展起来的粒子图像测速（particle image velocimetry，PIV）技术，可用于测量流场中二维平面和三维瞬态速度场。PIV 的重要特点是突破了空间单点测量技术的局限性，可在同一时刻得到整个流场上千个点的速度矢量，能提供丰富的流动空间结构信息。PIV 技术是流动显示技术的扩展，是一种定量的瞬态流动显示技术，特别适合非定常流动的测量。PIV 测量结果具有足够的测试精度（<2%）和空间分辨率（可小于 0.5mm）[1]。

烟雾流动显示技术是在流体中添加染料、烟雾或者固体粒子，然后随着流体运动，其运动或轨迹能够表示流场的流态变化情况。采用适当的照明设备对流体测量区域进行照明，通过照相方法获得流体流动显示图像，然后进行分析，可以获得流体的流动情况。

所以可应用 PIV 技术对喷嘴喷出气体的同轴射流和同轴冲击射流的速度场进行测量，分析气流速度变化对喷嘴气体流场的影响；然后应用烟雾流动显示技术观察喷嘴气流的流态，分析喷嘴气流速度变化对喷嘴气流流态的影响以及侧向气流对喷嘴气体流动的影响；应用片光流动显示技术观察喷嘴粉末流动，分析喷嘴粉末流的浓度分布情况。

3.1 喷嘴气流 PIV 实测

喷嘴喷出气流场 PIV 测量实验装置包括喷嘴气体流动系统和 PIV 测量系统，实验装置如图 3-1 所示，建立图示坐标系 $o-xyz$。

3.1.1 PIV 测速基本原理

PIV 系统测量瞬态流场速度时，将脉冲激光器作为光源，采用片光光学组件把从激光器出来的激光束转变为片光源，照亮流场测试区域中预先投放的示踪粒子。测试时相机（CCD）的光轴与激光片的光平面相互垂直，对播撒粒子的流场连续两次照明，同时用 CCD 相机记录两次曝光的粒子图像，当两次脉冲激光照明时间的间隔 Δt 足够小时，粒子轨迹近似直线并且沿轨迹的速度近似恒定。两

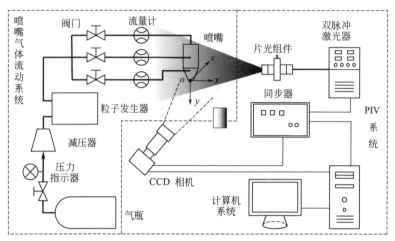

(a) 原理图

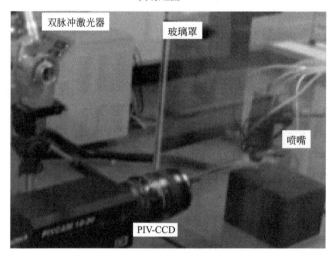

(b) 实验装置照片

图 3-1　粒子图像测速实验装置

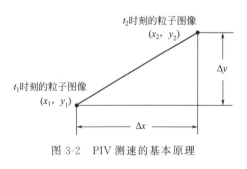

图 3-2　PIV 测速的基本原理

个脉冲激光片光之间的时间可调，根据不同的被测流场区域进行选择。然后对图像进行数值分析，测量图像上任一点处的粒子图像在已知时间 Δt 内的位移 Δx、Δy，由式（3-1）求出该点的速度，PIV 测速的基本原理见图 3-2。在上述测试过程中，是以粒子完全跟随流体运动为前提条件的。实际上在多数流动中，在正确选择粒子材料、粒径的情况下，能够达到 99.99% 的跟随性。

$$u = \lim_{t_2 \to t_1} \frac{x_2 - x_1}{t_2 - t_1} = \lim_{\Delta t \to 0} \frac{\Delta x}{\Delta t} \quad v = \lim_{t_2 \to t_1} \frac{y_2 - y_1}{t_2 - t_1} = \lim_{\Delta t \to 0} \frac{\Delta y}{\Delta t} \tag{3-1}$$

PIV 成像系统提供了在已知时间间隔 Δt 内流场中粒子群的位移信息，提取粒子位移信息虽然在原理上很简单，但由于信息量很大，如果用人工来提取和判读的话，将是十分繁重的工作。粒子图像判读的方法主要有光学杨氏条纹法、自相关法和互相关法[2]。光学杨氏条纹法是一种光学分析方法，以杨氏干涉条纹得到粒子的平均位移，进而得到速度场，但需要建立一套额外的光学系统。20 世纪 90 年代随着计算机技术的发展，数字分析法逐渐取代了光学分析法。

自相关法是在一帧图像上记录两个不同时刻的粒子图像，通过对粒子图像进行自相关算法处理可以得到粒子的位移，但不能判别粒子的位移方向。为了解决粒子运动方向的不定性，可以使用图像漂移技术。图像漂移技术是在相机前面使用旋转镜。照片中的静止目标由图像漂移距离所替换。一个移动着的粒子图像的位移，其值等于流动引起的位移和图像漂移的位移之和。粒子图像漂移的位移和方向是已知的，因此可以区分粒子的运动方向，这种方法与激光多普勒频移技术判断流体运动方向的原理类似[2]。

互相关法则是将两次曝光的粒子图像成像在两张底片上，然后对两帧图像进行相关计算得到粒子的位移。由于图像顺序已知，解决了粒子的位移方向判断问题，不需要外加图像漂移设备。而曝光的间隔时间已知，就可以确定粒子的速度。所以互相关算法不存在单帧系统中的图像覆盖问题，使得两帧图像互相关的信噪比大为提高，速度的测量范围比自相关法大[1,2]。

对 PIV 相机拍摄的图像进行分析是一个非常复杂的问题，尤其是存在反向流的时候，判断粒子的位移方向比较困难，采用互相关法进行图像匹配可以克服这个困难。利用互相关法对流场进行分析时，首先把对应的一对图像分为若干个小的查问区，每个查问区的大小为 32 像素×32 像素或 64 像素×64 像素，在每个查问区里都至少要有 8～10 对粒子。互相关运算就是在这些对应的查问区里进行的。互相关运算把每对查问区里的粒子对进行处理，得出第二幅图像中的粒子团对应于前一幅图像的相关概率分布，峰值所处的坐标就是粒子在间隔时间 Δt 后的位移。激光脉冲之间的时间确定后，就可逐个确定每个子区域的速度，测量流场区域内的每个子区域中的流动速度构成了速度矢量图。

3.1.2 PIV 系统

（1）示踪粒子

PIV 实际测量的是流体中示踪粒子的速度，所以示踪粒子是流场测试技术中的一个重要因素。示踪粒子的播撒密度、均匀性、粒子的粒径大小直接决定着测量结果。

首先示踪粒子应具有良好的跟随性，粒子的运动必须能真实地反映流体的运动，示踪粒子的速度应当和流体微团的速度一致。如果两者速度不一致（例如释放粒子的时刻，粒子速度通常为零），那么需多长时间才能跟随上流体微团的速度？当粒子对流体具有很好的示踪特性时，就能用粒子速度来表示实际的流体速度，这就要求示踪粒子有良好的跟随性，即示踪粒子能很好地跟随流体运动。在一定条件下，可用 BBO（basset boussinesq oseen）方程描述粒子跟随流体的动力学特性，其方程简化为[3]：

$$u_p = u_g(1 - e^{-t/T_p}) \tag{3-2}$$

$$T_p = \rho_p d_p^2 / 18\mu \tag{3-3}$$

式中，u_p 为示踪粒子速度；u_g 为流体速度；μ 为流体黏性系数；d_p 为粒子直径；T_p 为粒子弛豫时间，表示在气流作用下，以初始加速度一直加速到粒子速度与流体速度相等为止所经历的时间，反映粒子的跟随特性。

从式(3-2)、式(3-3) 可以得出，首先，T_p 越小，粒子的跟随性越好，否则粒子的位移和运动不能代表流体的真实流动，这也就要求示踪粒子必须足够小。其次为了使 CCD 相机能够准确捕捉到示踪粒子，粒子必须是良好的散射体，可拍摄记录性能或成像性要好。另外，粒子播撒要均匀、浓度要适中。如果流场中的粒子浓度很大，则记录 CCD 相机上的粒子群的图像无法进行互相关处理，且粒子浓度过大将对流动产生影响；如果流场中的粒子浓度过小，将大大降低 PIV 的测试精度甚至无法进行测试。

可选用示踪粒子平均直径 $0.5\mu m$ 的碳化硅粒子，密度为 $3.21 \times 10^3 kg/m^3$，折射率为 2.65，计算得到的弛豫时间 T_p 为 $2.1 \times 10^{-6}s$。粒子发生器可以调节示踪粒子的浓度和流量。

（2）实验光源

流场照明系统的光源强度要足够大，以保证示踪粒子散射足够的光，可以使示踪粒子能被清晰地拍摄记录。光照时间必须足够短，以保证示踪粒子在光照时间内不会有明显的位移。脉冲激光需满足以上要求，因此在 PIV 实验中多选用脉冲激光作为光源。

（3）片光光学组件

在激光器出口安装了片光光学组件，将脉冲激光束转换为具有一定扩散角的片光。脉冲激光通过圆柱形透镜，圆柱形透镜将激光束在垂直柱形透镜方向上展开形成片光，第二个透镜为球形透镜，用于控制片光源的厚度。分别改变柱形透镜和球形透镜的焦距可以得到不同片光源的扩散角。测量二维流场要求片光源的厚度足够小，以保证只记录一层片光内的粒子，一般片光源的厚度小于 3mm。

（4）图像采集系统

对于图像采集系统，要准确控制快门开启时间，以保证曝光时段在激光脉冲持续期内以及保证用于互相关分析的两幅图片的时间间隔足够短。另外，图像采集系统还应具备足够的分辨率。在 PIV 实验中图像采集大多用 CCD 相机，采集的图像以数字图像传输和存储在计算机中。

由于应用了 Interline 技术使得像素可以极快的速度进行充放电，两帧间的时间间隔可以小于 $1\mu s$。由计算机控制的同步器控制双脉冲激光和 CCD 工作时序，对双脉冲激光发射和图像采集的同步控制，以满足图像采集的要求。同步器可以使双脉冲激光分别工作在 CCD 相机第一帧脉冲的结尾和第二帧脉冲的开始，这样可以大大缩短两帧之间的时间间隔（$<1\mu s$），增加了测速范围。

（5）图像处理系统

实验中的图像处理系统由计算机、PIV 分析软件 Insight NT 和处理结果显示软件 Tecplot 构成，进行图像采集、处理和流场定量显示，并通过 RS-232 接口控制同步器的外触发时序。Insight PIV 软件基于 Windows NT 环境，具有 32 位数据处理能力，能控制整个 PIV 系统的工作。首先通过高速图像采集卡从 CCD 相机捕捉到流场粒子图像，然后经过互相关法处理得到速度矢量图。流场测试实验资料的后续处理，如速度图、流线图等由 Tecplot 绘图软件完成。

PIV 测速的主要步骤为：

① 由同步器按所设的时间间隔触发两束脉冲激光束，激光束经柱面镜和球面镜调整为片光源后，照亮待测喷嘴出口轴截面中的示踪粒子。

② CCD 相机在两束脉冲激光照亮喷嘴出口轴截面时分别拍摄记录下两帧图像，并将图像传输至计算机。同步器统一控制激光触发时间与相机拍摄时间的同步性。

③ 对两帧图像进行互相关分析计算，得到拍摄图像中的粒子位移，最后得出被测截面的流场矢量图。

3.1.3　喷嘴气体流动系统

从高压气瓶出来的保护气体（氩气）经减压器减压至 0.15 MPa 后，进入示踪粒子播撒器，携带示踪粒子的气流分三路通过流量计，送入喷嘴。为了防止周围环境介质干扰气体流场的测量，喷嘴气体流动实验测量段放置在玻璃罩内，玻璃罩的大小为 $1500mm\times800mm\times600mm$，玻璃罩两侧靠近底部有 5 cm 宽的开口，目的是保持有机玻璃罩内气体压力稳定。

3.1.4　PIV 测试方案

PIV 测试喷嘴气体流动速度场时，喷嘴轴线垂直于水平面，喷嘴轴线在激光片光平面内。CCD 相机的光轴与片光平面垂直，并对准喷嘴轴线，拍摄聚焦平面为喷嘴出口轴对称截面。喷嘴测量段放置于有机玻璃罩内，通过控制阀门，调节输入喷嘴的气体流量，分别控制喷嘴中心气流速度 u_{1g}、内环气流速度 u_{2g} 和外环气流速度 u_{3g}。测量喷嘴的三个喷口喷出不同气流速度时的同轴射流和同轴冲击射流的速度场，实验时气流参数见表 3-1。喷嘴气流速度的计算公式为：

$$u_g = Q/A \tag{3-4}$$

式中，u_g 为气流速度；Q 为喷嘴喷出的气体流量；A 为气流通过的面积。

表 3-1　PIV 实验气流参数

气体流量/(L/min)	5	10	15	20	10	15	10	15	20
气流速度/(m/s)	3.9	7.9	11.8	15.7	5.2	7.8	3.6	5.4	7.2
雷诺数 Re	1397	2794	4190	5588	967	1450	574	861	1148

（1）同轴射流。测量喷嘴气流的自由射流情况时，喷嘴出口距有机玻璃罩的底面约 350mm，采集喷嘴出口区域的大小为 22mm×22mm。实验中激光两次脉冲时间间隔为 4μs，每对图像将计算得到 900 个速度矢量。

（2）同轴冲击射流。测量喷嘴气流冲击射流的速度场时，考虑到实际的工程应用背景，喷嘴出口距平板（模拟平面基体）的表面距离为 10mm，用量块控制喷嘴出口距平板的距离。每次采集喷嘴气流的物理区域大小为 27mm×10mm，两次激光脉冲时间间隔为 4μs，每对图像将计算得到 800 个速度矢量。

3.1.5　实测结果

图 3-3(a) 和 (b) 为 PIV 测量喷嘴同轴射流实验中采集到的一对粒子图像，

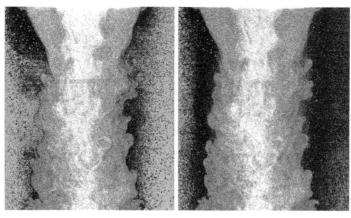

(a) 第一幅粒子图像　　　　　　　(b) 第二幅粒子图像

图 3-3　PIV 实验粒子图像（$u_{1g}=7.9\text{m/s}$、$u_{2g}=7.8\text{m/s}$、$u_{3g}=3.6\text{m/s}$）

图 3-4 为喷嘴喷出不同气流时的速度矢量图和速度云图，其中（a）图为图 3-3 的两幅粒子图像做互相关分析处理得到的速度矢量图和速度云图。从（a）图中可以看出，气流速度矢量图中的测量区域内速度矢量分布比较均匀，同时具有较高的空间分辨率（0.7mm）。

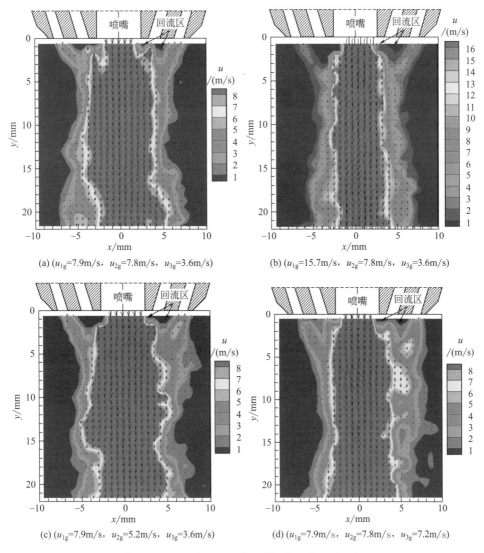

(a) (u_{1g}=7.9m/s，u_{2g}=7.8m/s，u_{3g}=3.6m/s)

(b) (u_{1g}=15.7m/s，u_{2g}=7.8m/s，u_{3g}=3.6m/s)

(c) (u_{1g}=7.9m/s，u_{2g}=5.2m/s，u_{3g}=3.6m/s)

(d) (u_{1g}=7.9m/s，u_{2g}=7.8m/s，u_{3g}=7.2m/s)

图 3-4 喷嘴同轴射流的速度矢量图和速度云图

（1）喷嘴出口附近的流场

图 3-4 为 PIV 实验测量得到的喷嘴同轴射流的速度矢量图和速度云图。从（a）、（c）、（d）中可以清晰地看到，在喷嘴出口处喷嘴中心与内环、内环与外环

之间各存在一个回流区，而（b）中仅有一个回流区。回流区是由喷嘴中心与内环、内环与外环之间的壁面作用形成的，壁面的厚度越大，回流区的范围也越大。（b）中的喷嘴中心与内环之间的速度梯度大，在交界区产生强烈的紊流扩散，流体之间的动量交换作用增强，因此两个回流区会合到一起。从图中可以看到，喷嘴中心与内环、内环与外环之间的速度梯度越大，回流区的范围也越大。

（2）喷嘴气体流场的边界

在图 3-4 中可以清晰地看到，刚从喷嘴喷出气流的边界非常清晰，呈层流态流动。由于喷嘴内环和外环的截面呈收敛形状，对喷嘴中心气流有约束作用，使得射流的截面积减小，射流收敛。

随着距喷嘴出口距离的增加，气体流场边界开始弯曲变形，并产生涡旋，喷嘴气流逐渐转变为紊流。这是由于喷嘴气流与周围静止的空气存在速度差，形成速度间断面。此速度间断面是不稳定的，随着距喷嘴出口距离的增加，此间断面内的流动失稳，导致流线弯曲、形成涡旋，气体流动逐渐转变为紊流。这些涡旋在运动过程中发生变形、分裂、合并，并卷吸周围的流体，射流开始扩展，射流主体断面随之扩大。

（3）喷嘴气体流场的稳定性

图 3-4(a)、(c) 的喷嘴气体流场在距喷嘴出口距离 15mm 处已开始弯曲变形，流场的稳定性较差，而（b）、(d) 的流场稳定性较好。这是由于（b）中的喷嘴中心气流速度是其他的喷嘴中心气流速度的 2 倍，气流的挺度大，抗干扰性较好。（d）喷嘴三个喷口的速度相差不大，$u_{1g} \approx u_{2g} \approx u_{3g}$，相互之间的速度梯度小，流场稳定，回流区较小，抵抗周围干扰的能力强。另外，（b）中的喷嘴中心气流大，对内环和外环气流的卷吸作用增强，流场的截面积减小。

（4）工件表面附近的流场

当喷嘴中心气流速度大于内环、外环气流速度时，喷嘴气流冲击工件表面后，由喷嘴中心向四周流动，喷嘴中心气流速度大时，抗干扰能力较好，见图 3-5(a) 和（b）。当内环的气流速度大于喷嘴中心和外环的气流速度，外环的气流速度大于喷嘴中心和内环的气流速度时，工件表面出现涡旋，见图 3-5(c) 和（d）。

从上面的分析可以得出如下结论：喷嘴气流速度对喷嘴气体流场结构的影响较大，当喷嘴中心与内环、内环与外环之间的气流速度梯度较小时，流场稳定性较好。在喷嘴出口附近存在回流区，喷嘴中心与内环、内环与外环之间的速度梯度越大，回流区的范围也越大。喷嘴气体流场的抗干扰能力随喷嘴气流速度的增大而增大。当内环、外环的气流速度大于喷嘴中心的气流速度时，工件表面将产生涡旋。

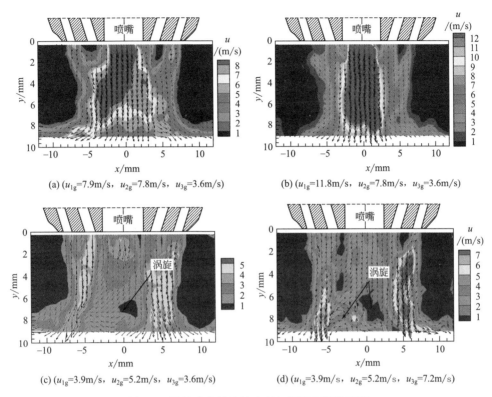

(a) (u_{1g}=7.9m/s, u_{2g}=7.8m/s, u_{3g}=3.6m/s)

(b) (u_{1g}=11.8m/s, u_{2g}=7.8m/s, u_{3g}=3.6m/s)

(c) (u_{1g}=3.9m/s, u_{2g}=5.2m/s, u_{3g}=3.6m/s)

(d) (u_{1g}=3.9m/s, u_{2g}=5.2m/s, u_{3g}=7.2m/s)

图 3-5 同轴冲击射流的速度矢量图和速度云图

3.2 喷嘴气流烟雾流动显示

保护气体（如氩气）为透明介质，难以观察，应用烟雾流动显示技术在喷嘴喷出的气流中添加烟雾粒子，使喷嘴气流"染"色，便能直接观察喷嘴气流的流态。进行烟雾流动显示实验时，将连续激光器发出的波长为 532nm 的激光束作为光源，采用柱面镜将激光束转变为片光，通过 0.8mm 宽的狭缝（控制片光的宽度），照亮流场测试区域。与此同时在送入喷嘴的气流中施加烟雾粒子，使喷出的气流可见。烟雾流动显示图像的背景为黑色，CCD 相机设置为高分辨率，CCD 相机的光轴与激光的片光平面相互垂直，拍摄喷嘴气流的烟雾流动图像，然后输入计算机，分析气体流动图像，判断气流的保护性能。

采用烟雾流动显示只能判断冷态气流的流态，与激光再制造过程中喷嘴喷出的保护气流的流态有所差异（由于激光束和工件上的金属熔池及附近高温区域的热作用，使保护气流的流动发生了变化），但可用来定性判断喷嘴喷出冷态气流的流态，能简便和直观地了解激光工艺参数（如喷嘴喷出的气流速度）的变化对流态的影响，分析喷嘴喷出气流的保护性能。

烟雾流动显示装置由喷嘴气体流动系统，侧吹气流系统和流动显示图像记录系统组成，实验装置如图 3-6 所示。

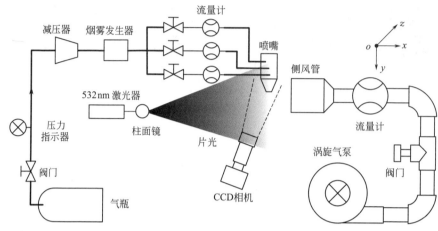

图 3-6　烟雾流动显示实验装置

3.2.1　气体流动系统

高压气瓶（压力：10MPa）出来的空气经减压器减压后，进入烟雾发生器，携带烟雾粒子的气流分三路通过流量计，从喷嘴喷出。

烟雾粒子除应满足一般要求（无毒、无腐蚀性、化学性质稳定、清洁等）外，还应满足下列三个基本要求：粒子跟随流体流动性好，粒子应是良好的散射体，成像性好。选用象藏香燃烧产生的烟雾作为流动显示粒子，其粒子的平均直径在 $0.2\sim0.4\mu m$。烟雾发生器要能调节烟雾的浓度，在实际测试时流场中烟的粒子浓度需要反复调节，如果流场中的粒子浓度过小，则气体烟雾流动图像的颜色浅，不容易分辨。如果烟雾粒子浓度过大，则对喷嘴喷出的气体流动造成了干扰。

3.2.2　流动显示系统

实验光源采用连续固体激光器。激光器的出口安装一个柱面镜（焦距 $FL=20mm$），将激光束转变为片光。为了控制片光的厚度，让片光经过 0.8mm 宽的狭缝，照亮测试的流场区域。用 CCD 数码相机拍摄记录，经计算机分析处理，得到喷嘴喷出气体流动图像。

3.2.3　侧吹气流系统

为了研究激光再制造过程中，激光加工区域的保护气流受到周围侧风（如自然风或强迫通风）吹动而产生变形，影响喷嘴气流的有效保护范围，需要加装侧吹气流系统。从涡旋气泵来的气体经阀门进入玻璃转子流量计，从侧风管吹向喷嘴出口的侧面，调节阀门可以控制侧风管流出的气流速度，用玻璃转子流量计测量侧吹气流的流量。模拟激光再制造过程中，外界气流对喷嘴气体保护区域的干扰。

如果测量气体的密度与空气的密度不同，从流量计上读取的流量值只能反映流量的相对大小，而不是被测气体的真实流量值。要确切地知道真实的流量值，则流量计必须经过重新标定，或按下式进行修正计算：

$$Q_2 = Q_空 \sqrt{\frac{P_1 \rho_1}{T_1}} \sqrt{\frac{T_2}{P_2 \rho_2}} \tag{3-5}$$

式中，Q_2 为修正后被测气体的流量值；$Q_空$ 为用空气标定的刻度流量值；ρ_1 为标定空气介质的密度；ρ_2 为测量气体的密度；T_1 为标定空气介质的绝对温度，293.16K；T_2 为被测气体的绝对温度。

3.2.4　烟雾流动显示方法

喷嘴轴线在激光片光平面内，照亮所测量的流场区域，CCD 相机的光轴与片光平面垂直，侧风管轴线对准喷嘴出口下侧约 5mm 处，与片光在同一平面内并垂直喷嘴轴线，见图 3-7。拍摄的聚焦平面为喷嘴出口轴对称截面，每次拍摄的物理区域大小为 90mm×68mm，图像为 2272 像素×1704 像素。调节阀门可以控制喷嘴中心、喷嘴内环、喷嘴外环喷出的气体流量，按照式(3-4) 计算喷嘴出口、侧风管喷出的气体速度。

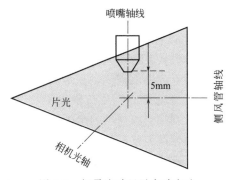

图 3-7　烟雾流动显示实验方法

由于烟雾流动显示实验只能观察到喷嘴气流的流态变化（区分层流和紊流），并不能观测喷嘴气流的内部流动情况。从喷嘴气流 PIV 测量实验可知，当喷嘴中心、内环和外环的气流速度大小基本一致时，气体流场的稳定性较好。因此，为了减少实验的影响因素，进行喷嘴气流烟雾流动显示实验时应调节阀门，使得喷嘴三个喷口的气流速度大小相等，$u_g = u_{1g} = u_{2g} = u_{3g} = 1m/s$、2m/s、3m/s、4m/s、5m/s，见表 3-2。一是测量不同喷嘴气流速度时的气流层流段长度。二是测量侧风速度 $u_c = 0.5m/s$、1m/s、1.5m/s、2m/s、2.5m/s、3m/s、3.5m/s、4m/s 时的喷嘴气流的弯曲变形程度。三是观察喷嘴出口距工件表面距离 $L = 5$、10、15、20mm 时的喷嘴气体流场。

表 3-2　喷嘴气流参数

项　目		气流速度/(m/s)				
		1	2	3	4	5
气体流量 /(L/min)	中心	1.3	2.5	3.8	5.1	6.4
	内环	1.8	3.7	5.5	7.4	9.2
	外环	2.6	5.3	7.9	10.5	13.1
雷诺数 Re	中心	356	712	1068	1424	1780
	内环	178	356	534	712	890
	外环	150	301	451	602	753

3.2.5　实测结果

观察气流烟雾流动显示图像时，可以判断喷嘴喷出气流的流动状态。如果气流为层流流态，气体与周围空气相邻的流动边界非常清晰，层流段的长度可以通过标尺测量出来；如果气流呈紊流流态，周围的空气卷入其中，气流与周围空气的边界相当模糊，层流段长度可以通过标尺测量出来。

图 3-8 为不同气流速度 u_g 时喷嘴同轴射流的烟雾流动图像。图 3-8(a) 中的 $u_g = 1\text{m/s}$，可以看到射流边界比较清晰，层流段长度较长。图 3-8(b) 中的 $u_g = 5\text{m/s}$，可以看到距喷嘴出口距离 $L = 13\text{mm}$ 时，射流边界开始变得模糊，射流逐渐从层流转变为紊流。图 3-9 为喷嘴气流速度 $u_g = 4\text{m/s}$，侧风速度不同时的喷嘴同轴射流的烟雾流动图像，(a) 中 $u_c = 1\text{m/s}$，(b) 中 $u_c = 2\text{m/s}$。图 3-10 为喷嘴气流速度 u_g 与层流段长度 S 之间的关系，从图中可以看出，喷嘴气流的层流段长度随气流速度的增大先增大后减小。这是因为喷嘴气流速度较小时，喷嘴气流的挺度差，易受到外界干扰，层流段长度短；随着气流速度的增大，气流

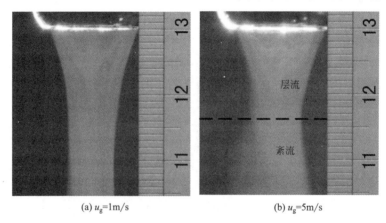

(a) $u_g = 1\text{m/s}$　　　　　　　(b) $u_g = 5\text{m/s}$

图 3-8　不同气流速度下的喷嘴气体烟雾流动图像

刚性增强，抗干扰能力增强，层流段长度逐渐增大；气流速度超过 2.0m/s 后，随着气流速度进一步增大，喷嘴喷出气流的雷诺数增大，气流的紊流强度增大，层流段长度减小。

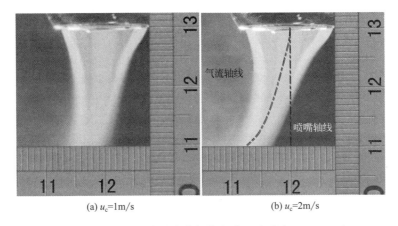

(a) u_c=1m/s　　　　　　　(b) u_c=2m/s

图 3-9　不同侧风速度时喷嘴气体流动显示照片（u_g＝4m/s）

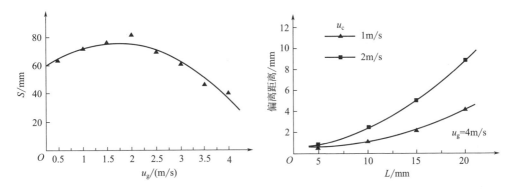

图 3-10　气流速度对层流段长度的影响　　　图 3-11　不同侧风速度时射流轴线的弯曲程度

　　图 3-11 为喷嘴气流速度 u_g＝4m/s，侧风速度 u_c＝1m/s，2m/s 时，射流轴线偏离喷嘴轴线的偏离距离曲线。从图中可以看出，u_c 不变时，随着距喷嘴出口距离 L 的增大，气流轴线的偏离距离增大；距喷嘴出口距离 L 一定时，随着 u_c 的增大，气流轴线的偏离距离增大。

3.3　喷嘴粉末流动

　　实验装置包括同轴送粉系统和粉末流动显示图像记录系统。其中图像记录系统与烟雾流动显示实验相同。

3.3.1　粉末浓度分析原理

根据微粒光散射理论[4]，粉末浓度小时，拍摄区域的亮度 I 与该区域发生散射的粉末浓度成正比，可用下面的公式表示：

$$I = \frac{I_{\text{inc}} n V}{\omega^2 A} F(\delta, \varphi) \tag{3-6}$$

式中，I_{inc} 为作用在单个粒子上的入射光强度；ω 为光束频率；$F(\delta, \varphi)$ 为与粒子流方向和入射光极化状态有关的无因次函数；n 为单位体积内粉末粒子数量；V 为测试区域的体积，A 为测试区域的面积。

在整个拍摄过程中，光束的强度不变，如果粉末的浓度小，则每个粒子接受的光束强度 I_{inc} 相同。不改变测试区域的体积 V 和面积 A，则拍摄区域的亮度与该区域发生散射的粉末密度成正比，因而拍摄区域的亮度值 I 可以直接衡量喷嘴出口粉末浓度的大小。

3.3.2　实测结果

采用 Matlab 软件处理拍摄的粉末流动图像的亮度（灰度）分布，把粉末流动图像处理成灰度-像素的关系数据表，减去背景亮度。分析粉末流沿喷嘴轴线、距喷嘴出口不同距离时的亮度分布，由微粒光散射理论间接可以得到喷嘴粉末流的浓度分布。图 3-12 为粉末送给量 $M_{\text{p}} = 6\text{g/min}$ 时的粉末流灰度（亮度）图像，图 3-13 为距喷嘴出口不同距离 L 时的粉末流亮度沿水平截面的变化。

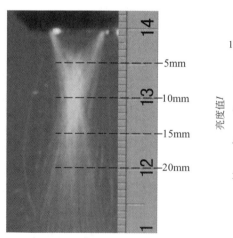

图 3-12　粉末流灰度图像（$M_{\text{p}} = 6\text{g/min}$）

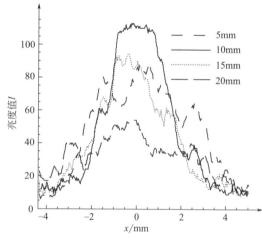

图 3-13　粉末流亮度沿水平截面的变化

粉末从喷嘴喷出后，由于喷嘴内环锥角的收敛作用，粉末逐渐汇聚，粉末浓度逐渐增大，到粉末流汇聚焦点时，粉末浓度最大，过了粉末流汇聚焦点后，粉末流发散，粉末浓度减小。从图 3-13 中可以看到，距喷嘴出口不同距离截面上的粉末流亮度值 I 曲线完全反映这一过程，随着 L 的增大，粉末流的亮度值 I 逐渐增大，过了粉末流汇聚焦点后，亮度值 I 逐渐减小。不同截面上的粉末流亮度变化也反映出粉末流收敛、汇聚、发散这一过程。因此，粉末流图像的亮度能够反映粉末流的浓度分布情况。

参考文献

[1] 杨祖清. 流动显示技术 [M]. 北京：国防工业出版社，2002：241-245.

[2] Lawson N J, Wu J, Tian H. et al. Three-dimensional particle image velocimetry: error analysis of stereoscopic techniques [J]. Measurement Science and Technology, 1997, 8(8): 894-903.

[3] Maas H G, Gruen A, Papantoniou D. Particle tracking velocimetry in three-dimensional flows [J]. Experiments in Fluids, 1999, 15(2): 133-146.

[4] 何金江，钟敏霖，刘文今，等. 保护箱中激光沉积的粉末流、熔池观测与分析 [J]. 中国激光，2006, 33(2): 283-288.

第 4 章

喷嘴气体流场

4.1 紊流模型

20世纪70年代以来，计算机技术迅猛发展。随着计算机技术和计算方法的不断发展，计算流体力学（computational fluid dynamics，CFD）在流体力学研究中，发挥越来越重要的作用。与实验研究相比，CFD数值模拟耗资较少、研究周期较短，而且数值模拟还具有可以方便地改变初始条件、边界条件和流体特性，并可得到某些实验难以观测到的详细流场信息等优势，目前CFD数值模拟已成为流体力学的重要研究手段之一。

CFD方法适应性强、应用面广。首先，流动问题的控制方程一般是非线性的，自变量多，计算域的几何形状和边界条件复杂，很难求得解析解，而用CFD方法则有可能找出满足工程需要的数值解；其次，可利用计算机进行各种数值试验，例如，选择不同流动参数进行物理方程中的各项有效性和敏感性试验，从而进行方案比较。最后，它不受物理模型和实验模型的限制，省钱省时，有较多的灵活性，能给出详细、完整的数据，很容易模拟特殊尺寸、高温、有毒、易燃等真实条件和实验中只能接近而无法达到的理想条件。目前CFD中紊流数值模拟方法主要有直接数值模拟法（direct numerical simulation，DNS）、大涡模拟法（large eddy simulation，LES）和 Reynolds 平均法三种主要类型[1]。

直接数值模拟法是直接用瞬时的 Navier-Stokes 方程对紊流进行计算，无需对紊流运动做任何简化或近似，理论上可以得到相对准确的计算结果，该方法必须采用很小的时间步长和空间步长才能分辨出紊流在空间和时间上的剧烈变化，但是对内存空间及计算速度的要求非常高，需要庞大的计算资源，目前还无法用于真正的工程计算。

大涡模拟法放弃对全尺度范围上涡的运动模拟，只将比网格尺度大的紊流运动通过 Navier-Stokes 方程直接计算出来，小尺度涡对大尺度运动的影响则通过建立模型来模拟，但大涡模拟对计算机性能要求仍然比较高，但远低于直接数值模拟。

Reynolds 平均法是基于对 Navier-Stokes 方程做时间平均，把未知高阶的时间平均量表达成低阶量函数，利用紊流模型使方程组封闭。该方法在进行数值模拟时，由于所采用的时间步长是由平均流动的非定常性决定，而非取决于紊流脉动量的非定常性，因此大大缩短了计算所需时间和对计算条件的要求，已发展了多种紊流模型以适应不同的流态，在实际工程计算中应用得较为广泛。

4.2 控制方程

因为喷嘴喷出气流的速度<20m/s，属于不可压缩流体。Reynolds 平均法的基本控制方程即为[1]：

（1）连续方程

$$\frac{\partial u_{gi}}{\partial x_i}=0 \tag{4-1}$$

式中，$i=1$，2，3；u_{gi} 为气流时均速度分量。

（2）运动方程

$$\frac{\partial u_{gi}}{\partial t}+u_j\frac{\partial u_{gi}}{\partial x_j}=-\frac{1}{\rho_g}\frac{\partial P}{\partial x_i}+\frac{1}{\rho_g}\frac{\partial}{\partial x_j}\left(\mu\frac{\partial u_{gi}}{\partial x_j}-\rho_g\overline{u'_{gi}u'_{gj}}\right)+f_i \tag{4-2}$$

式中，t 为时间；ρ_g 为气流密度；P 为气体压强；μ 为气体动力黏度；u'_{gi} 为脉动速度分量；f_i 为单位质量体积力的时均值；$-\rho_g\overline{u'_{gi}u'_{gj}}$ 为脉动速度的二阶相关项，也称为 Reynolds 应力项，物理上被解释为由脉动引起的动量交换项。

由式(4-1)和式(4-2)构成的方程共有 4 个方程［式(4-2)构成的方程实际是 3 个］，总共 10 个未知量（u_{gx}、u_{gy}、u_{gz}、P、$-\rho_g\overline{u'^2_{gx}}$、$-\rho_g\overline{u'_{gx}u'_{gy}}$、$-\rho_g\overline{u'_{gx}u'_{gz}}$、$-\rho_g\overline{u'^2_{gy}}$、$-\rho_g\overline{u'_{gy}u'_{gz}}$、$-\rho_g\overline{u'^2_{gz}}$），因此方程不封闭，必须引入新的紊流模型（方程）才能使方程组（4-1）和（4-2）封闭。对 $\rho_g\overline{u'_{gi}u'_{gj}}$ 的不同模拟方法，构成不同的紊流模型。

4.2.1 标准 k-ε 模型

该模型基于 Boussinesq 提出的涡黏假设[1]，该假设建立了 Reynolds 应力对于平均速度梯度的关系，即：

$$-\rho_g\overline{u'_{gi}u'_{gj}}=\mu_t\left(\frac{\partial u_{gi}}{\partial x_j}+\frac{\partial u_{gj}}{\partial x_i}\right)-\frac{2}{3}\left(\rho_g k+\mu_t\frac{\partial u_{gi}}{\partial x_i}\right)\delta_{ij} \tag{4-3}$$

式中，μ_t 是紊动黏度；δ_{ij} 是 "Kronecker delta" 符号（当 $i=j$ 时，$\delta_{ij}=1$；$i\neq j$ 时，$\delta_{ij}=0$）；k 为紊动动能，$k=(\overline{u'^2_{gx}}+\overline{u'^2_{gy}}+\overline{u'^2_{gz}})/2$。

Launder 和 Spalding[2] 于 1972 年提出标准 k-ε 方程。在模型中，紊动动能耗散率 ε 被定义为：

$$\varepsilon = \frac{\mu}{\rho_g} \overline{\left(\frac{\partial u'_{gi}}{\partial x_k}\right)\left(\frac{\partial u'_{gj}}{\partial x_k}\right)} \tag{4-4}$$

紊动黏度 μ_t 可表示成 k 和 ε 的函数，即：

$$\mu_t = \rho_g C_\mu k^2 / \varepsilon \tag{4-5}$$

紊动动能 k 方程：

$$\frac{\partial(\rho_g k)}{\partial t} + \frac{\partial(\rho_g k u_{gi})}{\partial x_i} = \frac{\partial}{\partial x_j}\left[\left(\mu + \frac{\mu_t}{\sigma_k}\right)\frac{\partial k}{\partial x_j}\right] + G_k - \rho_g \varepsilon \tag{4-6}$$

紊动动能 ε 方程：

$$\frac{\partial(\rho_g \varepsilon)}{\partial t} + \frac{\partial(\rho_g \varepsilon u_i)}{\partial x_i} = \frac{\partial}{\partial x_j}\left[\left(\mu + \frac{\mu_t}{\sigma_\varepsilon}\right)\frac{\partial \varepsilon}{\partial x_j}\right] + C_{1\varepsilon}\frac{\varepsilon}{k}G_k - C_{2\varepsilon}\rho_g\frac{\varepsilon^2}{k} \tag{4-7}$$

式中，C_μ 为常数；G_k 为平均速度梯度引起的紊动动能 k 的产生项，$G_k = \mu_t\left(\frac{\partial u_{gi}}{\partial x_j} + \frac{\partial u_{gj}}{\partial x_i}\right)\frac{\partial u_{gi}}{\partial x_j}$；$\sigma_k$、$\sigma_\varepsilon$ 分别为紊动动能 k 和紊动动能耗散率 ε 对应的普朗特（Prandtl）数；在标准 $k-\varepsilon$ 模型中，根据 Launder 等的推荐值及后来的实验验证，模型常数 $C_{1\varepsilon}=1.44$，$C_{2\varepsilon}=1.92$，$C_\mu=0.0845$，$\sigma_k=1.0$，$\sigma_\varepsilon=1.3$。

4.2.2 RNG $k-\varepsilon$ 模型

RNG $k-\varepsilon$ 是由 Yakhot 及 Orszag[3] 提出来的，应用重整化群（renormalization group，RNG）理论，在标准 $k-\varepsilon$ 模型的基础上发展起来的一种改进形式，其基本思想是把紊流视为受随机力驱动的输运过程，再通过频谱分析削去其中的小尺度涡，并将其影响归并到涡黏性中，以得到所需尺度上的输运方程。在高雷诺数时，RNG $k-\varepsilon$ 模型与标准 $k-\varepsilon$ 模型具有相同的形式，只不过在方程中出现了一个附加生成项，当流动快速畸变时，这一项显著增大，RNG $k-\varepsilon$ 模型中 k 和 ε 的输运方程分别为：

紊动动能 k 方程，

$$\frac{\partial(\rho_g k)}{\partial t} + \frac{\partial(\rho_g k u_i)}{\partial x_i} = \frac{\partial}{\partial x_j}\left(\alpha_k \mu_{eff}\frac{\partial k}{\partial x_j}\right) + G_k - \rho_g \varepsilon \tag{4-8}$$

紊动动能耗散率 ε 方程，

$$\frac{\partial(\rho_g \varepsilon)}{\partial t} + \frac{\partial(\rho_g \varepsilon u_i)}{\partial x_i} = \frac{\partial}{\partial x_j}\left(\alpha_\varepsilon \mu_{eff}\frac{\partial \varepsilon}{\partial x_j}\right) + C_{1\varepsilon}^* \frac{\varepsilon}{k}G_k - C_{2\varepsilon}\rho_g\frac{\varepsilon^2}{k} \tag{4-9}$$

式中，$\mu_{eff}=\mu+\mu_t$；$C_\mu=0.0845$，$\alpha_k=\alpha_\varepsilon=1.393$；

$C_{1\varepsilon}^* = C_{1\varepsilon} - \dfrac{\eta(1-\eta/\eta_0)}{1+\beta\eta^3}$，$C_{1\varepsilon}=1.42$，$C_{2\varepsilon}=1.68$；

$\eta = (2E_{ij}\cdot E_{ij})^{1/2}\dfrac{k}{\varepsilon}$；$E_{ij}=\dfrac{1}{2}\left(\dfrac{\partial u_{gi}}{\partial x_j}+\dfrac{\partial u_{gj}}{\partial x_i}\right)$；$\eta_0=4.377$；$\beta=0.012$。

与标准 $k-\varepsilon$ 模型比较，发现 RNG $k-\varepsilon$ 模型的主要变化：

① 通过修正紊动黏度，考虑了平均流动中的旋转及旋转流动情况，改进了对旋转流动的预报精度。

② 在 ε 方程中增加了一项，从而反映了主流的时均应变率 E_{ij}，这样，RNG $k-\varepsilon$ 模型中的产生项不仅与流动情况有关，而且在同一问题中还是空间坐标的函数。从而 RNG $k-\varepsilon$ 模型可以更好地处理高应变率及流线弯曲程度较大的流动。

标准 $k-\varepsilon$ 模型适用于高雷诺数流动，而在重整化群理论中由分析得到有效黏性系数的微分表达式，可更好地模拟低雷诺数流动，结合壁面函数法，能够提高近壁区内流动的精度。因此，RNG $k-\varepsilon$ 模型比标准 $k-\varepsilon$ 模型的模拟精度更高、适用范围更广泛。

采用 RNG $k-\varepsilon$ 模型求解喷嘴气体流场问题时，控制方程包括式(4-1) 连续方程、式(4-2) 运动方程、式(4-8) k 方程、式(4-9) ε 方程和式(4-5) 共 10 个方程。

4.3 计算区域及边界条件

边界条件是流场变量在计算边界上应该满足的数学物理条件，边界条件是影响流场速度分布、流场结构的主要因素，数值计算过程中的边界条件对流场模拟结果的精确性有较大的影响，只有给定合理的边界条件，才有可能得出合理的结果。其中 u_{1g} 为喷嘴中心气流速度，u_{2g} 为内环气流速度（输送粉末），u_{3g} 为外环气流速度，u_c 为侧风速度。

喷嘴气流入口处采用速度入口条件，由式(3-4) 计算气流速度，由式(4-10) 计算紊流强度[4]。气流出口处采用压力出口条件，与周围环境的相对压力 $P=0$。射流进口速度分布为充分发展的紊流，紊流强度 I 按下式计算：

$$I = 0.16(Re_{D_H})^{-1/8} \tag{4-10}$$

式中，下标 D_H 指水力直径，即式中的雷诺数是以水力直径为特征长度求出的。

4.3.1 同轴射流及同轴冲击射流

同轴送粉喷嘴为锥形圆柱体，假设工件表面为一个无限大的平面，如果没有其他因素影响，喷嘴气体同轴射流和同轴冲击射流的计算模型和边界条件都是完全轴对称形式，可利用轴对称模型建立二维半平面长方形的计算区域，冲击射流时喷嘴出口距工件表面的距离为 $L=10\text{mm}$。图 4-1(a) 为同轴射流的计算区域及边界条件，图 4-1(b) 为同轴冲击射流的计算区域及边界条件。建立如图 4-1(a) 中所示的坐标系。

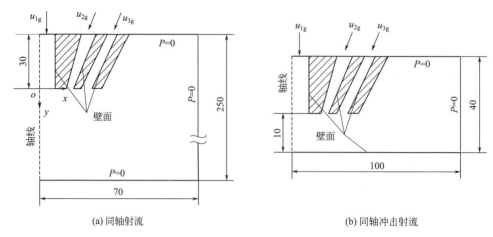

(a) 同轴射流

(b) 同轴冲击射流

图 4-1 同轴射流及同轴冲击射流的计算区域及边界条件

4.3.2 工件边缘和侧风

当喷嘴处在工件边缘时，由于工件形状发生了改变，因此喷嘴喷出气体的流动形式也发生了改变；当保护气流受到外界侧风（如自然风或强迫通风）吹动而变形时，喷嘴气流的保护范围也将发生改变。

喷嘴处在工件边缘，工件形状不是轴对称，因此不能应用轴对称模型，建立二维模型。假设工件为长方体，模型关于过喷嘴轴线且垂直工件表面的平面对称，可以建立如图 4-2 所示的三维模型。存在外界侧风时，边界条件不再是轴对称形式，假设侧风垂直吹向喷嘴轴线，模型关于过喷嘴轴线且垂直工件表面的平面对称，可以建立如图 4-3 所示的三维模型，喷嘴出口距工件表面的距离 $L = 10\text{mm}$。

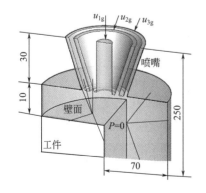

图 4-2 喷嘴在工件边缘的模型边界条件

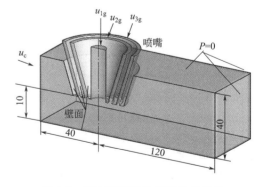

图 4-3 存在侧风时的模型边界条件

4.3.3　壁面边界

在近壁区内流动，雷诺数较低，紊流发展并不充分，紊流的脉动影响不如分子黏性的影响大。在壁面区，流动情况变化很大，特别是在黏性底层，流动几乎是层流，紊流应力几乎不起作用。因此采用壁面函数法，将壁面上的物理量与紊流核心区内相应的物理量联系起来[1]。

在划分网格时，不需要在壁面区加密，只需要把第一个内节点布置在对数律成立的区域内，即配置到紊流充分发展区域。

引入无量纲的参数 y^+：

$$y^+ = \frac{\Delta y_p (C_\mu^{1/4} k_p^{1/2})}{\mu} \tag{4-11}$$

式中，Δy_p 为节点到壁面的距离；k_p 是节点的紊动动能；C_μ 为经验常数（调整黏性系数），$C_\mu = 0.0845$。

当与壁面相邻的控制体积的节点满足 $y^+ < 11.63$ 时，控制体内的流动处于黏性底层。根据初始条件初步得到 $k_p = 3$，空气动力黏度 $\mu = 1.6228 \times 10^{-5}$ kg/(m·s) [1Pa·s = 1kg/(m·s)]，密度 $\rho_g = 1.6228$ kg/m³。代入式（4-11），可以求出 $\Delta y_p = 0.18$ mm。

4.4　网格划分及数值解法

采用 CFD 软件 Fluent 6.3.26 对同轴送粉喷嘴喷出的气流进行数值计算。分别计算喷嘴气体的同轴射流、同轴冲击射流，喷嘴处在工件边缘和存在侧风时的喷嘴气体流场。

4.4.1　网格划分

网格是离散的基础，划分网格的质量直接决定着数值模拟结果的精确度和收敛的快慢。喷嘴出口和平板表面附近的区域，气流速度梯度较大；远离喷口出口的区域，气流速度梯度较小。如果整个流体区域网格划分过细，将造成划分的单元数量过多，计算量太大无法进行。因此，在喷嘴出口和工件表面附近区域，网格划分较密，远离喷嘴出口区域，网格划分较粗。

从几何模型可以看出，喷嘴气体的流动区域是不规则形状，因此将流动区域划分为几个规则的小区域，对每个小区域进行结构网格划分，以保证整体区域的网格质量，最后组合成一个大区域。由于数值模拟主要研究喷嘴出口附近的详细流动情况，因此对射流出口及工件表面附近区域进行局部网格加密。图 4-4（a）为喷嘴出口附近的二维网格划分，图 4-4（b）为喷嘴出口附近的三维网格划分。

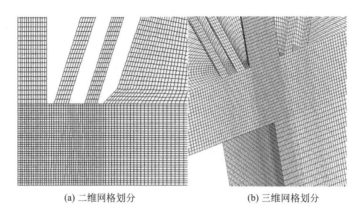

(a) 二维网格划分　　　　　　　　(b) 三维网格划分

图 4-4　网格划分

4.4.2　数值解法

在流场的数值模拟中，通常遇到的困难主要是由动量方程中的对流项和压力梯度项的离散处理不当引起的。在各个通用方程的离散中，正确选择差分格式对计算结果的稳定性和准确性都有很大的影响。目前比较常用的差分格式主要有一阶迎风格式、二阶迎风格式、幂函数和 Quick 格式等。对于射流计算，在使用四边形及六面体网格时，具有二阶精度的 Quick 格式能产生比二阶精度更好的结果，因此采用具有二阶精度的 Quick 格式，采用运算器 SIMPE 进行求解，收敛精度为 10^{-5}[1]。

4.5　计算模型验证

4.5.1　同轴射流

图 4-5 为 PIV 实验测量得到的喷嘴气体同轴射流场轴截面上的速度分布，图 4-6 为计算得到的喷嘴气体同轴射流场轴截面上的速度分布。将图 4-5、图 4-6 中距喷嘴出口距离 5mm 和 10mm（虚线处）处横截面上的气流速度放大后进行对比，数值计算和 PIV 实验测量结果基本一致。

图 4-7 为距喷嘴出口距离 $L=1.2$mm、5mm、10mm、15mm 时，数值计算和 PIV 实验测量得到的气流轴向速度沿横截面分布曲线。

图 4-7(a) 为距喷嘴出口 $L=1.2$mm 处横截面上的气流轴向速度分布，从图中可以看到，喷嘴中心和外环处的数值计算结果与 PIV 实验测量结果吻合较好，内环处的数值计算结果与 PIV 实验测量结果有所差别，该处的数值反映回流区的大小，数值计算得到的回流区的长度小于实验测量结果。

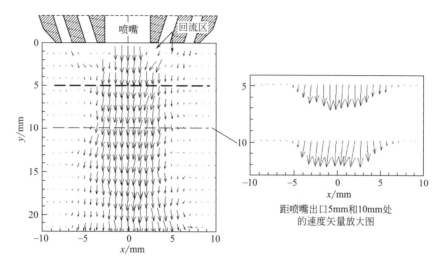

图 4-5 PIV 实验测量同轴射流轴截面的速度场

($u_{1g} = 7.9\text{m/s}$，$u_{2g} = 7.8\text{m/s}$，$u_{3g} = 3.6\text{m/s}$)

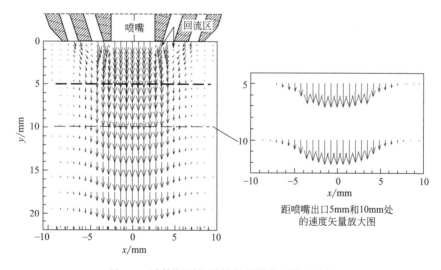

图 4-6 计算得到的同轴射流轴截面的速度场

($u_{1g} = 7.9\text{m/s}$，$u_{2g} = 7.8\text{m/s}$，$u_{3g} = 3.6\text{m/s}$)

图 4-7(b) 为距喷嘴出口 $L = 5\text{mm}$ 处横截面上的气流轴向速度分布，数值计算得到的气流轴向速度与 PIV 实验测量结果吻合较好。在图 4-7(c) 和图 4-7(d) 中，数值计算得到的气流轴向速度与 PIV 实验测量结果基本吻合，在气体流场中心区域数值计算结果小于实验测量结果，误差小于 20%。

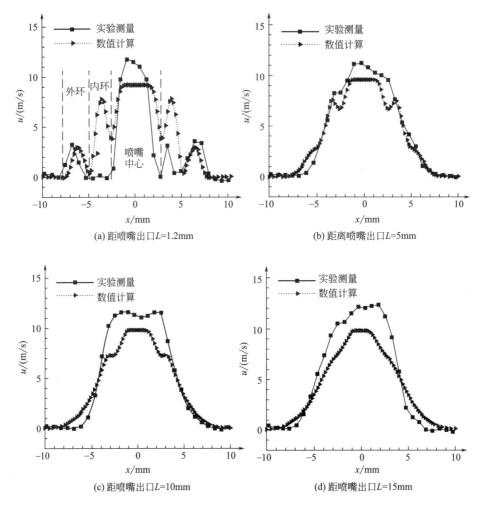

图 4-7　气流轴向速度沿横截面分布（$u_{1g}=7.9\mathrm{m/s}$，$u_{2g}=7.8\mathrm{m/s}$，$u_{3g}=3.6\mathrm{m/s}$）

4.5.2　同轴冲击射流

图 4-8 为 PIV 实验测量得到的喷嘴气体同轴冲击射流轴截面上的速度分布，图 4-9 为计算得到的喷嘴气体同轴冲击射流轴截面上的速度分布。将图 4-8 和图 4-9 中距喷嘴出口 1mm，5mm 和 9mm（虚线处）的气流速度放大后进行对比，数值计算结果和 PIV 实验测量结果基本一致。图 4-10 为 PIV 实验测量和计算得到的喷嘴气流流线图。

图 4-11 为距喷嘴出口距离不同时，数值计算和 PIV 实验测量得到的气流速度沿横截面分布曲线。图 4-11(a) 为距喷嘴出口 $L=1\mathrm{mm}$ 处横截面上的气流速

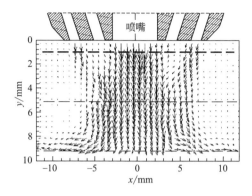
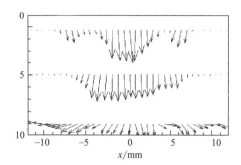

图 4-8　PIV 实验测量得到的同轴冲击射流速度场分布

（$u_{1g}=7.9\mathrm{m/s}$，$u_{2g}=7.8\mathrm{m/s}$，$u_{3g}=3.6\mathrm{m/s}$）

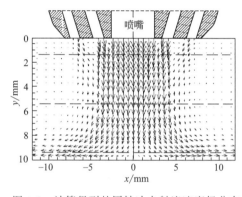
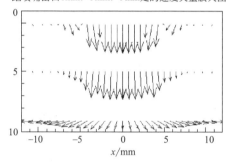

图 4-9　计算得到的同轴冲击射流速度场分布（$u_{1g}=7.9\mathrm{m/s}$，$u_{2g}=7.8\mathrm{m/s}$，$u_{3g}=3.6\mathrm{m/s}$）

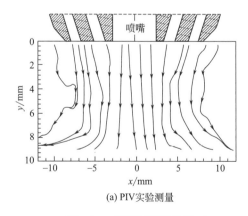
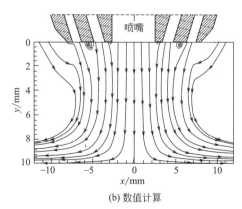

(a) PIV实验测量　　　　　　　　　　(b) 数值计算

图 4-10　喷嘴气流流线图（$u_{1g}=7.9\mathrm{m/s}$，$u_{2g}=7.8\mathrm{m/s}$，$u_{3g}=3.6\mathrm{m/s}$）

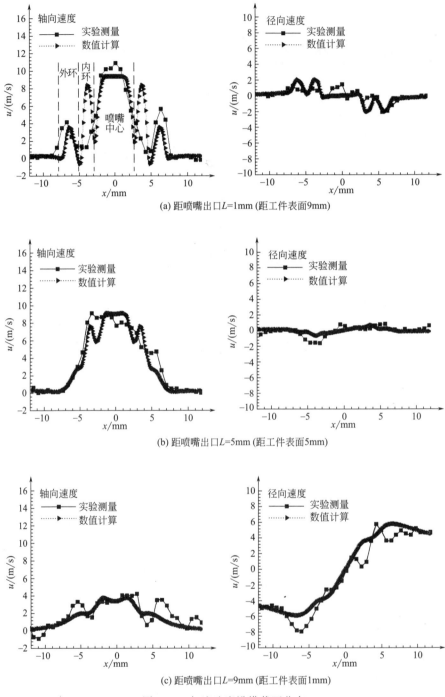

图 4-11　气流速度沿横截面分布

度分布，从图中同样可以看到，喷嘴内环出口处的数值计算结果与 PIC 实验测量结果存在差异，数值计算得到的回流区小于 PIV 实验测量结果。图中气流的轴向速度远大于径向速度，气流径向速度指向喷嘴轴线。

图 4-11(b) 为距喷嘴出口 $L = 5$mm 处横截面上的气流速度分布，数值计算得到的结果与 PIV 实验测量结果吻合得较好，气流的径向速度很小。图 4-11(c) 为距喷嘴出口 $L = 9$mm 处横截面上的气流速度分布，从图中可以看出，气流的轴向速度小于径向速度，说明气流已进入冲击区，气流沿工件表面向四周流动。数值计算结果与 PIV 实验测量结果基本吻合，PIV 实验测量结果存在波动。

4.5.3 误差原因分析

喷嘴出口附近区域：计算得到的回流区范围小于 PIV 实验测量结果。因为 PIV 实验测量得到的是气流的瞬时速度，数值计算采用的雷诺时均方法是一种积分计算，数学上时均的结果将抹平脉动运动的细节，数值计算得到的结果为气流的平均速度，所以 PIV 实验测量与数值计算得到的结果存在差异。在实际应用中，只需要了解气体流场的时均速度和流动方式，并不需要了解喷嘴喷出气流的脉动运动细节，数值计算得到的结果满足要求。

工件表面附近区域：PIV 实验测量结果波动较大。示踪粒子随喷嘴气流冲击表面后，改变了原有的速度方向，造成一些示踪粒子脱落现象，使得 PIV 实验测量结果与实际流动存在偏差。

从上述定量比较结果可知，喷嘴气体流场的数值计算结果与 PIV 实验测量得到的速度分布吻合得较好，说明喷嘴气体流场数值计算结果可以比较准确地预测喷嘴气体流场。

4.6 喷嘴气体流动特征

4.6.1 同轴射流

气流从喷嘴中心、内环和外环三个喷口喷出后形成同轴射流，由于三股气流之间的相互作用，流动形式比较复杂。从气体射流的运动规律可知，从同轴送粉喷嘴喷出的气流可分为三个区域，即射流核心区、内部混合区和射流边界区（外部混合区），如图 4-12 所示。

（1）射流出口附近区域

由于喷嘴内环和外环的截面呈收敛形状，气流通过后产生速度变化，存在指向喷嘴轴线的径向速度分量，对喷嘴射流有约束作用，使得射流的截面积减小，射流收敛，射流中心气流速度加快。

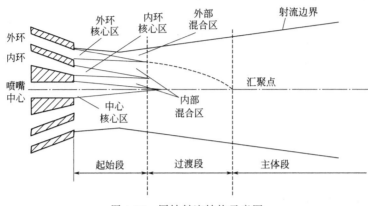

图 4-12　同轴射流结构示意图

（2）射流内部演变过程

喷嘴中心、内环、外环喷出气流的初始速度一般并不相等，则喷嘴中心与内环、内环与外环之间的气流存在速度梯度。在射流初始阶段，内环与外环的气流存在径向速度分量。由于气流速度间断面之间的强烈剪切作用，在交界区产生剧烈的紊流扩散，形成了混合层。气流之间的动量交换导致速度慢的气流加速，速度快的气流减速。喷嘴内环与外环向内的径向速度分量逐渐减小，直至消失，转变为向外的径向速度分量，射流向外扩展。随着距喷嘴出口距离的增加，动量交换的影响区域不断扩大，混合层的厚度也不断增加，最后形成一个混合层完全发展的射流。进入射流主体段后，射流的流动特性与单股自由射流相似，射流横断面的速度也形成一条光滑的曲线。从轴向速度分布图 4-7 可以清楚地看到，距喷嘴出口 1、2mm 处的轴截面速度曲线，喷嘴三个喷口的气流速度存在差异，随着距喷嘴出口距离的增加，三个喷嘴的气流速度差异逐渐减小，射流逐渐合并，距喷嘴出口 15mm 时，变成单股射流，速度断面为一个光滑的速度曲线。

（3）射流边界混合层的发展过程

喷嘴外环气流与周围空气存在速度不连续的间断面，此速度间断面是不稳定的，一旦受到扰动将失去稳定，产生涡旋，涡旋卷吸周围的空气进入射流，同时涡旋不断移动、变形、分裂逐渐向射流内外两侧发展形成混合层。气流将与周围的空气进行动量交换，使喷出的气流失去动量而速度减小，卷吸进入的空气取得动量而速度增大并随同射流向前流动。随着射流的发展，被卷吸并入射流一起运动的流体不断增多，射流边界逐渐向两侧发展，流量沿射流方向增大。由于周围静止的空气与射流的掺混，相应地产生了对射流的阻力，使射流边缘部分流速减小，难以保持原来的初始流速。射流与周围空气的掺混自边缘逐渐向中心发展，经过一定距离发展到射流中心，自此以后射流的全断面都发展成为紊流，从图 4-7 可以清晰地见到这一过程。

喷嘴同轴射流核心区和内部混合区中的气体成分为惰性气体，而射流边界层由于气流卷吸周围的空气和掺混作用，则部分混入了空气的成分。为了提高喷嘴气流的保护效果，希望喷嘴同轴射流的射流核心区和内部混合区的空间范围越大越好。

因此，气流从喷嘴喷出后，由于气流与周围空气的卷吸和掺混作用，导致喷嘴喷出气流仍保持原有气体成分的区域随之缩小，而卷吸入周围空气的区域逐渐扩大。只有仍保持原有惰性气体成分的区域才能起到保护作用。在激光再制造过程中，激光加工区必须处于有效保护区范围内，才不会出现空气混入而造成有害影响，有效保护激光金属熔池及附近高温区域。

4.6.2　同轴冲击射流

当喷嘴下方存在工件时，从喷嘴喷出的气流与工件表面相遇后，在工件表面附近的射流方向发生了改变，由喷嘴轴线沿工件表面向四周径向流动，形成了同轴冲击射流。由于喷嘴气体的流动方式发生了改变，必须对喷嘴同轴冲击射流进行研究，分析喷嘴气流对金属熔池及附近高温区域的保护情况。

根据上述同轴射流流动特征分析和冲击射流的特点，可将喷嘴同轴射流分为三个区域：同轴射流区、冲击区、壁面射流区，见图4-13。从图4-14喷嘴同轴冲击射流照片上可以明显地看到这三个区域。

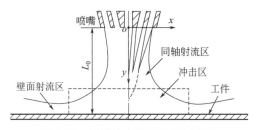

图4-13　同轴冲击射流结构示意图

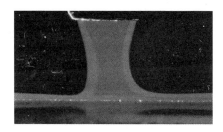

图4-14　喷嘴同轴冲击射流照片

（1）同轴射流区

射流区和冲击区的范围大约为 $y/L_0 \approx 0.86$（L_0 为喷嘴出口距平板表面的距离，y 为距喷嘴出口的距离），射流流动基本没有受到工件的影响，刚从喷嘴喷出的气流仍具有同轴射流特征。气流轴向速度分量远大于径向速度分量。由于喷嘴内环和外环的锥角作用，喷嘴内环和外环喷出的气流存在指向喷嘴轴线的径向速度，约束喷嘴中心射流，使得喷嘴中心气流速度增大，射流收敛。喷嘴中心与内环、内环与外环之间存在速度梯度，在交界区产生强烈的紊流扩散，发生动量交换，导致速度慢的气流加速，速度快的气流减速，向内的径向速度逐渐减小。

（2）冲击区

冲击区的范围大约为 $y/L_0 > 0.86$。在工件表面的附近，射流流动受到工件表面的限制，气流轴向速度急剧减小，径向速度逐渐增大，流线急剧偏转，射流的紊流程度加剧。冲击区驻点处的速度为零，压强达到最大，形成较大的压强梯度，促使流线快速弯曲，逐渐平行于工件表面。射流对表面的冲击压力主要集中在冲击区，在驻点处压力最大，沿径向压力迅速减小，壁面射流区的压力恢复为周围大气压。

（3）壁面射流区

壁面射流区的范围大约为 $x/r_3 > 1.2$（r_3 为喷嘴的外环半径，x 为距喷嘴轴线距离）。壁面射流区的压强基本恢复周围的环境压力。气流径向速度分量远远大于轴向速度分量，射流比较平稳地沿工件表面流动，形成径向壁面射流。由于工件表面的摩擦阻力作用，使得射流内层（工件表面）的气流速度沿径向逐渐减小。射流外层与周围环境存在速度梯度，气流与周围空气进行动量交换，卷吸周围的空气而随同射流向前流动，气流速度减小。随着射流的发展，被卷吸并入射流一起运动的空气不断增多，射流边界向外侧扩展。

总体来说，从喷嘴喷出的气流没有遇到下方工件表面之前，仍具有同轴射流特征。与工件表面相遇后，射流方向发生了改变，射流由喷嘴轴线沿工件表面向四周流动，射流的外边界有一些气体分离出去，且射流截面上的流速分布发生了变化。在冲击射流情况下，从保护作用的效果来看，工件的熔池及附近的高温区域仍应该处于射流核心区的范围内，才能达到有效的保护作用。

4.7　气流速度变化对流场稳定性的影响

从喷嘴喷出的气体冲击到工件表面，变成了同轴冲击射流。喷嘴喷出的三股气流的速度发生变化时，流场的结构也发生变化，实验表明：喷嘴中心、内环和外环气流速度之间的相互关系是流场稳定性的主要影响因素。

（1）气流速度 $u_{1g} > u_{2g}$ 且 $u_{1g} > u_{3g}$

当气流速度为 $u_{1g} > u_{2g}$，$u_{1g} > u_{3g}$ 时，即喷嘴中心的气流速度最大。在同样的条件下，气流速度越大，在工件表面产生的冲击压力也越大。因此，在工件表面上，由喷嘴中心气流产生的冲击压力最大，喷嘴气流进入壁面射流区以后，压力恢复为周围环境压力。喷嘴喷出的三股气流进入冲击区后，射流弯曲，由喷嘴中心沿工件表面向四周流动，此时气体流场比较稳定，见图 4-8。当 $u_{1g} \approx u_{2g} \approx u_{3g}$，喷嘴喷出的气流速度大小接近一致时，三股气流之间的速度梯度较小，紊流扩散作用相对较弱，此时流态最好。

（2）气流速度 $u_{3g} > u_{1g}$ 且 $u_{3g} > u_{2g}$

当喷嘴喷出的气流速度为 $u_{3g} > 1.2u_{1g}$ 时，即喷嘴外环的气流速度大于喷嘴中心的气流速度，工件表面上将出现一个涡旋，见图 4-15（a）。当喷嘴的气流速度为 $u_{3g} > 2u_{1g}$ 时，工件表面上出现两个方向相反的涡旋，见图 4-15（b）。因为气流速度越大，工件表面产生的冲击压力越大。当外环的气流速度比内环和中心的气流速度大时，外环气流在表面上产生的冲击压力比中心和内环气流产生的冲击压力大。喷嘴喷出的气流冲击表面后形成壁面射流，相互碰撞后，形成上喷气流。当外环气流速度稍大于中心气流速度时，加上喷嘴并不可能完全同心，所以喷嘴喷出的气流速度存在差异，冲击压力差较小，在工件表面产生单个涡旋。

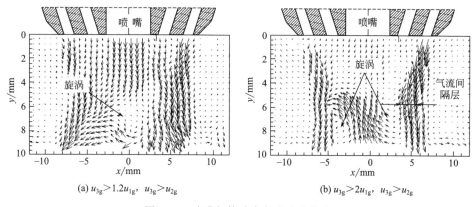

(a) $u_{3g}>1.2u_{1g}$，$u_{3g}>u_{2g}$ (b) $u_{3g}>2u_{1g}$，$u_{3g}>u_{2g}$

图 4-15 喷嘴气体冲击射流速度分布

当外环气流速度远大于中心气流速度时，外环气流的约束作用增强，在工件表面产生的冲击压力也大，在工件表面产生一对涡旋。这时，涡旋区和混合区相隔一层较薄的气流间隔层，见图 4-15(b)，如果气流间隔层较薄，则在外界干扰下，可能被冲破，使得涡旋区和混合区连起来，削弱了气流的保护作用。

（3） $u_{2g}>u_{1g}$ 且 $u_{2g}>u_{3g}$

当内环的气流速度大于喷嘴中心和外环的气流速度时，同样会在工件表面上产生涡旋。

考虑到在实际工程应用中，工件熔池区域的气体被加热，并产生热对流，其流动方向恰好与喷嘴中流出的保护气流方向相反。保护气流区的外环喷出的气流温度较低，相对于中心部分具有较大黏滞力，对气流的受热上浮起着抑制作用，在热态时工件表面上更容易出现涡旋。

4.8 工艺参数对喷嘴气体保护性能的影响

激光再制造过程中，要使喷嘴喷出的气流对金属熔池区域及附近高温区域有良好的保护作用，关键问题是气流从喷嘴喷出时，能获得层流流态。同轴送粉喷嘴气体保护性能的判断和比较，可用气体从喷嘴喷出后呈层流状态运动长度来衡量，层流段长度越长，保护效果越好（本节的喷嘴气流速度 $u_g=u_{1g}=u_{2g}=u_{3g}$）。

4.8.1　喷嘴气流速度

　　具有一定流速的保护气流从喷嘴喷出后，和周围静止的空气接触。在接触的边界处，周围的空气将卷吸入外层的保护气流中，并产生涡旋。这种有害作用随着距喷嘴出口的距离增大，逐渐向保护气流的内层深入扩展，从而缩小了保护气体的有效保护范围，最后完全失去了保护作用。喷嘴喷出保护气体的保护作用的好坏，实际上是由气流喷出后流态转化的快慢来决定。凡是能加速喷出气流转化成紊流的因素，都会导致减小有效保护范围和恶化保护效果，反之则对保护有利。

　　喷嘴气流速度 u_g 与层流段长度 S 之间的关系见图3-9。选择曲线左端的气流参数可以获得良好的流态，层流段长度较长，但是气流速度小，排除周围空气的能力弱，易受到外界干扰，导致层流保护层破坏，失去保护作用。所以在实际激光再制造过程中，一般取峰值右端流态较好的气流参数，一般取喷嘴气流速度在 $2\sim4\,\mathrm{m/s}$ 范围内，可获得良好的保护效果和较好的抗干扰能力。

4.8.2　喷嘴距工件表面距离

　　喷嘴喷出保护气体的有效保护范围呈倒锥形，离喷嘴出口距离越远，空气的混入程度越大，有效保护范围越小，保护作用越差。如果喷嘴出口距工件表面距离 L 增大到超过有效保护范围，保护气流内完全混入空气，即使喷嘴保护气流的流态很好，保护气体对工件也不再具有保护作用，应尽可能让工件表面靠近喷嘴出口，获得较大的气体保护范围。

　　图4-16为喷嘴出口距平板表面不同距离 L，气流速度 $u_g=3\,\mathrm{m/s}$ 时喷嘴气流流动图像。从图4-16(a)中可看到 $L=20\,\mathrm{mm}$ 时，气流呈现良好的层流状态，当 L 小到 $10\,\mathrm{mm}$ 时，气流对工件表面的冲击作用增强，产生了紊流，降低了保护

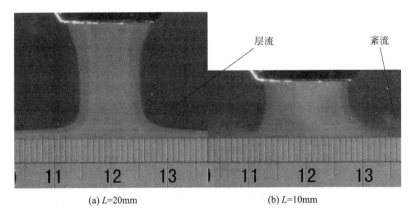

(a) $L=20\,\mathrm{mm}$　　　　　　　　　　(b) $L=10\,\mathrm{mm}$

图4-16　工件距喷嘴出口不同距离的喷嘴气流流动图像（$u_g=3\,\mathrm{m/s}$）

效果,见图4-16(b)。所以喷嘴出口距工件表面的距离 L 不能取得过小,否则会带来一些不利影响。L 过小,保护气流从喷嘴喷出后冲击金属熔池及工件表面,产生强烈的反流,干扰破坏保护气流的层流流态,产生紊流,使得保护气流中混入大量空气,降低保护效果。另外,输送金属粉末时,容易使喷嘴出口上黏附的金属飞溅物增多,影响保护气流的均匀喷出和粉末的输送,同时损害保护效果。黏附的金属飞溅物,甚至有可能堵塞送粉通道,影响激光再制造过程的正常进行。

因此,应合理选定喷嘴出口距工件表面距离 L 的值,在不影响喷嘴气流的情形下,尽可能让工件靠近喷嘴出口,获得较大的气体保护范围,得到更好的保护效果。一般取工件表面距喷嘴出口距离为 $8 \sim 12\mathrm{mm}$。

4.8.3 工件位置

考虑到在实际激光加工过程中,喷嘴位于工件边缘时,由于工件的形状发生了变化,喷嘴喷出气体的流动情况也发生了改变,其保护性能因此改变。

图4-17为喷嘴轴线位于长方体(模拟工件)边缘时,垂直长方体表面过喷嘴轴线截面的喷嘴气流流线图。从图中可以看出,喷嘴气流冲击到长方体表面后,射流方向发生了改变,一部分气流沿长方体表面向外流动,靠近边缘的气流向长方体下方流动,向外挤压未冲击长方体表面的气流,使之向外倾斜。

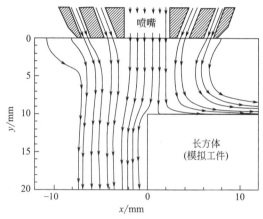

图4-17 工件边缘的喷嘴气流
流线图($u_\mathrm{g}=3\mathrm{m/s}$)

图4-18为喷嘴在工件边缘的喷嘴气流流动显示图像,图4-18(a) 的喷嘴轴线距工件边缘 1mm,图4-18(b) 的喷嘴轴线距工件边缘 2mm。从图4-18(a) 中可以看出喷嘴轴线没有离开工件时,喷嘴喷出的气流大部分在工件表面流动,只有很少一部分气体流向工件侧面,喷嘴气流的保护能力没有明显下降。图4-18(b)为喷嘴轴线离开工件时的气流流动显示图像,从图中可以看到只有很薄的一层气流在工件表面流动,喷嘴气流的保护能力急剧下降。距喷嘴轴线 15mm处,已没有保护气流,失去了保护作用。

因此,在激光再制造过程中,在喷嘴离开工件边缘的时候,喷嘴应该在边缘适当停留一段时间,同时喷出保护气流,待工件温度下降后再离开,或在工件边缘采取其他措施实施保护。

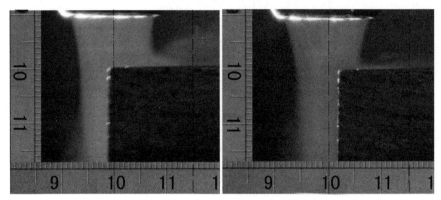

(a) 工件边缘距喷嘴轴线−1mm   (b) 工件边缘距喷嘴轴线+2mm

图 4-18 工件边缘的喷嘴气流流动显示图像（$u_g = 3\text{m/s}$）

4.8.4 侧向气流和喷嘴移动

如果被加工工件形状复杂，不能放置在惰性气体保护箱中，喷嘴喷出的气流，容易受到外界侧风（自然风或强迫通风）吹动而产生变形。当侧向气流速度增大时，保护气流变形严重，将缩小喷嘴气流的有效保护范围，甚至会使金属熔池完全暴露在空气中而失去保护作用。

图 4-19 为数值计算得到的喷嘴侧面不同气流速度时，喷嘴气体射流轴线变形程度曲线。从图中可以看出，随着距喷嘴出口距离的增大，气流轴线偏移量增加；随着侧风速度增大，气流变形变得严重。距喷嘴出口端面约 10mm 处，侧向气流速度超过喷嘴喷出气流速度约 50％时，金属熔池及高温区域将暴露在空气中，喷嘴气流失去了保护作用。

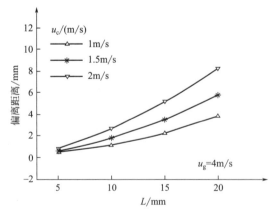

图 4-19 不同侧风速度时气体射流轴线的变形程度曲线

图 4-20 为喷嘴出口距工件表面 10mm，喷嘴喷出气流速度 u_g ＝4m/s，侧风速度 u_c ＝2.5m/s 时的喷嘴气体冲击射流流动显示照片。图 4-21 为数值计算得到的喷嘴喷出不同气流速度时，侧向速度与保护范围之间的关系。从图 4-21 可以看出，在喷嘴出口距工件表面的距离一定时，随着喷嘴侧风气流速度增大，气流保护范围也随之增大。随着侧向气流速度增大，保护气流变形变得严重，单侧保护范围随之减小。侧风速度超过喷嘴气流速度约 50％时，侧风将进入喷嘴气流中，失去保护作用。

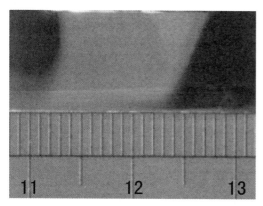

图 4-20　不同侧风速度时喷嘴气体冲击射流
流动显示照片（u_g＝3m/s，u_c＝2.5m/s）

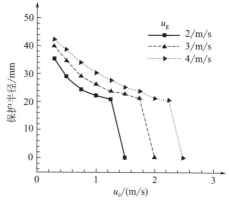

图 4-21　保护半径随侧向
气流速度变化曲线

喷嘴的移动情况与施加侧风速度类似。当喷嘴移动时，喷嘴喷出的气流受到前方静止空气的阻滞作用，产生变形，气流轴线弯曲。喷嘴移动速度较小时，喷嘴喷出气流速度变形较小，对气体的保护范围影响不明显。随着喷嘴移动速度增大，保护气流变形变得严重，保护范围明显减小，甚至失去对工件的保护作用。

所以，尽量不要在室外进行激光加工，如果条件允许，在工件的周围安装挡风壁，减小侧风的影响。加工时，限制喷嘴的移动速度，并适当增加喷嘴喷出保护气体的速度，以提高气流刚性，增强抵制外界气流干扰的能力。

参考文献

[1]　王福军．计算流体动力学分析——CFD 软件原理与应用［M］．北京：清华大学出版社，2004：124-125.

[2]　Launder B E, Spalding D B. The numerical calculation of turbulent flows［J］. Computer Methods in Applied Mechanics and Engineering, 1974, 3(2): 269-289.

[3]　Victor Yakhot, Steven A. Orszag. Renormalization group analysis of turbulence: Basic theory［J］. Journal of Scientific Computing, 1986: 1(1): 3-51.

[4]　于勇，张俊明，姜连田．Fluent 入门与进阶教程［M］．北京：北京理工大学出版社，2008：236-240.

第 5 章

喷嘴粉末流场

载气式同轴送粉是以一定压力和流量的气流为载体，将从送粉器出来的粉末经管路送入喷嘴，然后喷出，形成粉末流。载气式同轴送粉是利用气流在管路、喷嘴中输送金属粉末的一种方法。混合介质是惰性气体和金属粉末颗粒，属于典型的气固两相流动。气固两相流动在自然界是普遍存在的物理现象，在工业领域广泛应用，如管道气力输送、河流泥沙沉积、锅炉中煤粉粒子燃烧等过程都是气固两相流动。许多学者对气固两相流动进行了研究[1]。气流和固体颗粒两相之间的相间作用过程机理是气固两相流动中的关键性问题，只有了解粒子与气流作用的详细过程，才能描述两相间的动量、质量传递过程，以及粒子在气流中能量、动量输运的作用，确定粉末流场中粉末颗粒的浓度分布、喷嘴结构与粉末流参数的关系。

5.1 气固两相流模型

研究流体运动有两种不同的方法：即欧拉法和拉格朗日法。欧拉法从空间场的角度对流体现象进行描述，研究某一时刻流体所占据空间各质点的物理量的变化，从而研究流体在整个空间的运动情况；拉格朗日法从时间场的角度对流体现象进行描述，研究某一质点的物理量随时间的变化情况，从而研究整个流体的运动情况。这两种方法只是以不同的观点研究同一流体的运动，本质上是相同的，可以相互转换。

目前气固两相流模型主要有以下三类物理模型：流体拟粒子模型（pseudo particle model）、连续介质模型（continuum model）和离散粒子模型（discrete particle model）。

（1）流体拟粒子模型

流体拟粒子模型从处理单颗粒尺度上的运动行为入手，不仅将离散的颗粒当成离散相处理，而且将宏观上连续的流体也采用拟"颗粒"性质的流体微团来处理，这样就可以模拟远离平衡态的系统。这类模型对流体相、颗粒相的运动都是采用拉格朗日法描述。该模型正处于发展阶段，研究或采用该模型的作者较少。

（2）连续介质模型

连续介质模型将离散的颗粒相看成宏观上连续的流体，把粒子拟为流体，即"拟粒子流"，粒子流与流体共同存在且相互渗透，常常又被称为双流体模型（two-fluid model）。这类模型对颗粒相、气相都采用欧拉坐标系，对应的数学方法为欧拉法。欧拉法引入相体积率（phasic volume fraction）或称相对体积分数的概念，体积分数是时间和空间的连续函数，各相的体积分数之和等于1。将固相和气相在数学上都当作相互渗透的连续相处理，可以方便地处理颗粒之间的碰撞和稠密的颗粒流。

（3）离散粒子模型

离散粒子模型将颗粒看作离散相，而将气相看作连续相，考虑了每个颗粒与气体间的相互作用，以及颗粒与颗粒间的相互作用。此模型可以跟踪所有颗粒的运动轨迹，也常被称为颗粒轨道模型（particle-trajectory model）。该模型在数学方程描述中对颗粒相采用拉格朗日坐标系，而对流体相采用欧拉坐标系，其对应的数学方法为"拉格朗日法"。

在 Fluent 软件中，当颗粒相体积分数小于10%时，颗粒相非常稀疏，把颗粒作为离散相处理，可以忽略颗粒-颗粒之间的相互作用、颗粒体积分数对连续相的影响，采用拉格朗日法进行计算，可以方便地计算颗粒在运动过程中的物理化学变化。当颗粒相体积分数大于10%时，颗粒相按"拟流体"处理，采用欧拉法进行计算。

送粉器中一定压力和流量的惰性气体将从送粉器出来的金属粉末经管路送入喷嘴，然后喷出，形成粉末流。无论是在管路和喷嘴内部，气流携带的粉末颗粒部分，还是喷嘴外部的粉末颗粒部分，体积分数小于10%。当粉末颗粒平均间距很大时，颗粒可以看成是相互孤立的，因此可以忽略颗粒间的相互碰撞。采用拉格朗日法对喷嘴喷出的粉末流进行求解，流体处理为连续相，再通过求解 Navier-Stokes 方程，可计算出流场中大量粉末颗粒的运动规律，得到离散相。

5.2 粉末流模型

同轴送粉喷嘴与金属粉末流的相互作用关系如图 5-1 所示，建立图示坐标系 $o-xy$，坐标原点在喷嘴出口中心。为简化起见，对气流-粉末颗粒两相流的物理模型和喷嘴的几何结构做如下假设和简化：

① 激光束的焦点与粉末流的焦点匹配。

② 喷嘴的几何形状是以 y 轴为中心的环状结构。喷嘴内环为粉末通道，为了减小粉末流汇聚焦点的尺寸，其内外壁不平行，内外壁的延长线在粉末流汇聚焦点处。喷嘴外环为保护气流通道，其内外壁平行，锥角相同。

图 5-1 中 r_1 为喷嘴中心出口处半径，b_1 和 b_2 分别为喷嘴内环和外环出口处的宽度，δ_1 和 δ_2 分别为喷嘴中心与内环、喷嘴内环与外环之间的出口壁厚，α 和

β 分别为喷嘴内环（粉末通道）的内壁和外壁的半锥角，θ 为喷嘴外环的锥角，f_1 为粉末流汇聚焦点处距喷嘴出口的距离，f_2 为粉末流开始汇聚点距喷嘴出口的距离；d_f 为粉末流汇聚焦点直径。喷嘴中心气流速度为 u_{1g}，喷嘴内环载气速度为 u_{2g}，粉末流速度为 u_p，喷嘴外环保护气流速度为 u_{3g}。

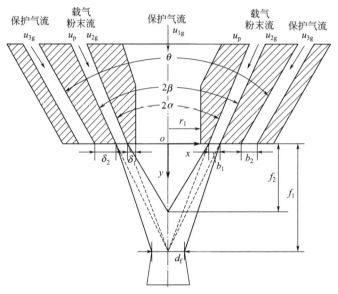

图 5-1 同轴送粉喷嘴与金属粉末流的相互作用关系

5.3 气固两相流场求解

在气固两相流动中，固体颗粒和气流相互作用，存在动量传递，与单相流动相比复杂很多。研究两相流动就要多考虑如下问题：一是要考虑颗粒不可能是均一球体，而是直径由小到大的离散相，其运动规律各异；二是由于颗粒间浓度不同，颗粒之间及颗粒与管壁之间相互碰撞对运动带来了较大的影响；三是要考虑在紊流情况下，气流脉动对颗粒运动规律及颗粒对气流脉动速度均有影响。另外，由于气流和颗粒的惯性不同，气流和颗粒之间也存在着相对速度，因而存在着各自运动规律的相互影响。在颗粒之间、颗粒在不等温流动过程中还会产生热泳现象。由于流场中压力梯度与速度梯度的存在，颗粒形状不对称，颗粒之间碰撞及与管壁相互碰撞等都会引起颗粒高速旋转，从而产生升力效应[2]。

5.3.1 气相流场的求解

同轴送粉喷嘴喷出的气流为不可压缩的气体（气流速度小于 10m/s），可应用雷诺应力模型中的 RNG $k-\varepsilon$ 模型对喷嘴喷出的气流进行求解。

5.3.2　粉末颗粒受力分析

由于喷嘴喷出的粉末流的体积分数较小，粉末颗粒相稀疏，可以忽略颗粒与颗粒之间的相互作用。喷嘴喷出的粉末颗粒受到的作用力有：重力、浮力、压力梯度力、气流阻力、附加质量力、巴赛特（Basset）力、萨夫曼（Saffman）升力、马格努斯（Magnus）升力、热泳力、布朗力[3]。

重力 W 的计算式为：

$$W=\rho_{\mathrm{p}}V_{\mathrm{p}}g \tag{5-1}$$

式中，ρ_{p} 为粉末颗粒密度；V_{p} 为粉末颗粒体积；g 为重力加速度。

浮力 F_{g}，由于粉末颗粒处在气流中，浮力 F_{g} 始终作用在粉末颗粒上，计算式为：

$$F_{\mathrm{g}}=\rho_{\mathrm{g}}V_{\mathrm{p}}g \tag{5-2}$$

式中，ρ_{g} 为气体密度。

压力梯度力 F_{p}，颗粒在有压力梯度的流场中运动时，颗粒除了受流体绕流引起的阻力外，还受到一个由于压力梯度引起的作用力。如果沿流动方向的压强梯度用 $\partial P/\partial l$ 表示，而 $\partial P/\partial l\approx\rho_{\mathrm{g}}a_{\mathrm{g}}$，则作用在球形颗粒上的压力梯度力为：

$$F_{\mathrm{p}}=-\rho_{\mathrm{g}}a_{\mathrm{g}}V_{\mathrm{p}} \tag{5-3}$$

式中，a_{g} 为气体加速度。

气流阻力 F_{d}，粉末颗粒与气体有相对运动时，便有气流阻力作用在粉末颗粒上，计算式为：

$$F_{\mathrm{d}}=\rho_{\mathrm{p}}V_{\mathrm{p}}F_{\mathrm{D}}(u_{\mathrm{g}}-u_{\mathrm{p}}) \tag{5-4}$$

其中，$F_{\mathrm{D}}=\dfrac{18\mu}{\rho_{\mathrm{p}}d_{\mathrm{p}}^{2}}\dfrac{C_{\mathrm{D}}Re_{\mathrm{p}}}{24}$；$Re_{\mathrm{p}}=\dfrac{\rho_{\mathrm{g}}d_{\mathrm{p}}|u_{\mathrm{p}}-u_{\mathrm{g}}|}{\mu}$；$C_{\mathrm{D}}=a_{1}+\dfrac{a_{2}}{Re}+\dfrac{a_{3}}{Re^{2}}$。

式中，μ 为气流动力黏度；d_{p} 为粉末颗粒直径；u_{p} 为粉末颗粒速度；u_{g} 为气流速度；Re_{p} 为粉末颗粒雷诺数；Re 为气流雷诺数；C_{D} 为阻力系数；a_{1}、a_{2}、a_{3} 为常数。

附加质量力 F_{v}，使粉末颗粒周围流体加速而引起的作用力，计算式为：

$$F_{\mathrm{v}}=\frac{1}{2}\rho_{\mathrm{g}}V_{\mathrm{p}}\left(\frac{\mathrm{d}u_{\mathrm{g}}}{\mathrm{d}t}-\frac{\mathrm{d}u_{\mathrm{p}}}{\mathrm{d}t}\right) \tag{5-5}$$

巴赛特力 F_{Ba}，当颗粒在黏性流体中做任意变速直线运动时，颗粒会受到一个因变速运动而增加的瞬时流动阻力。巴赛特力只发生在黏性流体中，并且与流动的不稳定性有关。

对于气体-粉末颗粒两相流，气体密度与粉末颗粒的密度之比 $\rho_{\mathrm{g}}/\rho_{\mathrm{p}}$，约是 10^{-3} 数量级，因此可以忽略浮力的作用。而气流从喷嘴喷出后，加速度 a_{g} 较小，因此可以忽略压力梯度力。巴赛特力发生在黏性流体中，与流体的不稳定性有关，而粉末从喷嘴喷出后，流场相对稳定，可以忽略不计。当粉末颗粒直径 $d_p \geqslant 10\mu m$ 时，萨夫曼升力、马格努斯升力、热泳力、布朗力与重力相比很小，故忽略。所以仅考虑粉末受到的重力、气流阻力和附加质量力，根据牛顿第二定律可得到离散相粉末颗粒作用力平衡方程：

$$m_p \frac{du_{pi}}{dt} = \rho_p V_p F_D (u_{gi} - u_{pi}) + \rho_p V_p g_i + \frac{1}{2}\rho_g V_p \left(\frac{du_{gi}}{dt} - \frac{du_{pi}}{dt}\right) \tag{5-6}$$

式中，$i = 1, 2, 3$；下标 p 和 g 分别为粉末颗粒相和气相；u_p、ρ_p 为粉末颗粒速度、密度；u_g、ρ_g 为气流速度、密度。

式（5-6）经整理后可得：

$$\frac{du_{pi}}{dt} = F_D (u_{gi} - u_{pi}) + g_i + \frac{1}{2}\frac{\rho_g}{\rho_p}\left(\frac{du_{gi}}{dt} - \frac{du_{pi}}{dt}\right) \tag{5-7}$$

5.3.3 粉末颗粒的紊流扩散

用拉格朗日法描述颗粒运动时，由于只考虑颗粒沿自身轨迹互不干扰的运动，并认为沿轨迹颗粒数流量不变，颗粒数总通量沿轨道不变，这就意味着不考虑颗粒的紊流扩散效应。这样所求得的结果和实际的颗粒运动相差较大，故必须考虑紊流气流对颗粒运动的影响。实际上，日常经验和实验观测表明，颗粒的紊流扩散（实际上就是颗粒与气相紊流的相互作用）不仅存在，而且起着重要的作用。各种不同直径的粉末颗粒在紊流气流中将有不同程度的扩散作用，一般来说，粒径小的粉末颗粒的扩散比大颗粒强烈。

离散相颗粒与气相紊流之间的相互作用可以用随机轨道模型（stochastic tracking model）进行计算，考虑颗粒紊流扩散的影响。随机轨道模型一般假定气相速度脉动各向同性并符合高斯分布，以气相紊流脉动速度的均方根值为基础，应用随机方法来考虑紊流瞬时紊流速度对颗粒轨道的影响。目前实际工程中对于气固两相流动大多采用的是随机轨道模型[4]。

当气流流动状态为紊流时，颗粒轨道方程中的流体速度为瞬时速度，可表示为：

$$u = \bar{u} + u' \tag{5-8}$$

式中，$\bar{u}$ 为流体时均速度；u' 为流体随机脉动速度，可通过求解气相方程组得到。

由于流场中每一处的紊动动能 k 都是已知的，假定速度脉动各向同性和局部均匀时，雷诺应力分量为：

$$\sqrt{u'^2} = \sqrt{v'^2} = \sqrt{w'^2} = \sqrt{2k/3} \tag{5-9}$$

假定速度脉动满足高斯概率密度分布，当颗粒穿过流体中的离散涡时，对速度脉动分量 u'、v'、w' 做随机采样，有：

$$u' = \zeta \sqrt{\overline{u'^2}}, \quad v' = \zeta \sqrt{\overline{v'^2}}, \quad w' = \zeta \sqrt{\overline{w'^2}} \tag{5-10}$$

其中，ζ 为服从高斯分布的随机数，式（5-10）右边带根号的量为速度脉动的雷诺应力。在涡旋生存期 T_L 内，ζ 保持不变，当该涡旋消失后（或是颗粒穿过了该涡旋时），则 ζ 变化为一个新值，式（5-10）确定了一个新的随机速度。

把式（5-10）代入式（5-8），则颗粒轨道方程的流体速度为瞬时速度，沿颗粒轨道进行积分，这样就考虑了紊流对粉末颗粒的影响。通过该方法计算足够多的具有代表性颗粒（即"number of tries"）的轨迹，考虑了粉末颗粒在紊流中的扩散作用。

在随机轨道模型中需注意的关键问题是怎样确定积分时间 T，即颗粒沿颗粒轨道运行距离为 ds 时，紊流运动状态经历的时间。根据随机数的原则，积分时间应取随机涡旋生存时间和颗粒穿过某随机涡旋时间的较小值，即：

$$\Delta t \leqslant \min[T_L, T_R] \tag{5-11}$$

式中，T_L 为某随机涡旋生存时间；T_R 为颗粒穿过某随机涡旋时间。

随机涡旋生存时间：

$$T_L \approx 0.3 \frac{k}{\varepsilon} \tag{5-12}$$

颗粒穿过某随机涡旋时间：

$$T_R = -T_p \ln\left[1 - \left(\frac{L_e}{T_p |u_g - u_p|}\right)\right] \tag{5-13}$$

式中，T_p 为颗粒弛豫时间；L_e 为涡的特征长度；$|u_g - u_p|$ 为颗粒与流体的速度差。

颗粒与气相之间的相互作用时间 Δt 为涡旋生存时间和颗粒穿过涡团时间两者的较小值。积分时间 Δt 与颗粒的紊流扩散率成正比，Δt 越大就表明颗粒在流动过程中处于紊流状态的时间越长。当作用时间达到这个较小的时间值时，由式（5-8）又重新得到了一个瞬时速度。

5.3.4　气相和颗粒相的相互作用

两相流研究与单相流研究的主要差别在于前者必须考虑两相间的相互作用，即耦合作用。当颗粒相所占的体积分数很小时，颗粒运动对流体相的影响可以忽略，这样作为连续相的气体和作为离散相的颗粒可以分别独立求解，即首先求解不考虑颗粒相时的流场，然后计算颗粒在已求解流场中的运动，这种方法通常又称为单向耦合。

当离散相对气相流场的作用不能忽略时，即当计算颗粒的轨道时，跟踪计算颗粒沿轨道的热量、质量、动量的获得与损失，这些物理量可用于随后的连续相的计算中去。于是，在连续相影响离散相的同时，也考虑了离散相对连续相的作

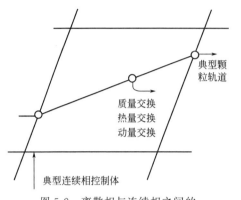

质量交换
热量交换
动量交换

典型颗粒轨道

典型连续相控制体

图 5-2　离散相与连续相之间的
动量、质量和热量交换

用。交替求解离散相与连续相的控制方程，直到二者均收敛为止，这样就实现了双向耦合计算。离散相与气相之间的动量、质量和热量交换如图 5-2 所示。

对于喷嘴粉末流场，只需考虑气相和粉末颗粒之间的动量交换，不需要考虑质量交换。由于忽略了激光束与喷嘴气流和粉末之间的作用，因此忽略了热量交换。

当颗粒穿过每个连续相的控制体时，可以通过计算颗粒的动量变化来求解连续相传递给离散相的动量值。颗粒动量交换值可以通过式（5-14）进行计算[5]：

$$F = \sum \left[\frac{18\mu C_D Re_p}{\rho_p d_p^2} (u_p - u_g) \right] \dot{m}_p \Delta t \tag{5-14}$$

式中，$\dot{m}_p$ 为颗粒质量流率。

这个动量交换作为动量源项作用到连续相的流场计算中，从而实现了颗粒相对气相的影响。

5.4　金属粉末颗粒特性

由于金属粉末的制备方法不同，金属粉末的特性如颗粒尺寸和粒径分布也存在着差异，其运动规律也有差异。常见的固体颗粒粒度分布函数有正态分布函数、罗辛-拉姆勒（rosin-rammler）分布函数、拔山-栩津（nukiyama-tanasawa）分布函数、对数正态分布函数四种[6]。正态分布函数是一种比较理想的分布函数，实际遇到的粉末颗粒很少呈这种分布，多数是呈偏态分布。激光再制造过程中输送的金属粉末颗粒粒度可用罗辛-拉姆勒分布描述：

$$R = \exp(-d_p / \overline{d_{50}})^n \tag{5-15}$$

式中，R 为粉末颗粒累计频率分布；d_p 为粉末颗粒直径；$\overline{d_{50}}$ 为粉末颗粒中位直径；n 为粉末颗粒累计频率分布指数。

不同工艺方法生产的金属粉末颗粒的粒径分布并不完全一样，金属粉末颗粒的累计频率分布指数 n 存在差异。在式（5-15）中，分布指数 n 值越大就意味着颗粒粒径分布范围越窄，即颗粒粒径相差不大。为了获得粉末流实验中使用金属粉末颗粒的粒径罗辛-拉姆勒分布函数，将金属粉末烘干后，用 $100 \sim 300$ 目

（48～150μm）标准筛筛选，混合均匀后，用型号为 Kh7700 三维体视显微镜拍摄的 Ni25 金属粉末显微照片，见图 5-3。统计其中一个区域 200 颗粉末颗粒的粒度分布，粉末颗粒粒度分布见表 5-1，颗粒质量累积率尺寸分布见图 5-4。

根据表 5-1 中的数据可求出粉末颗粒的中位直径 $\overline{d_{50}}$ 及分布指数 n，$\overline{d_{50}}$ 为 $R=e^{-1}\approx0.368$ 时的颗粒直径。从表 5-1、图 5-4 可求出 $\overline{d_{50}}=94.3\mu m$，$n$ 可由下式得出：

$$n=\frac{\ln(-\ln R)}{\ln(d_p/\overline{d_{50}})} \tag{5-16}$$

把 R 和 $d_p/\overline{d_{50}}$ 的数值代入式（5-16）得分布指数 $n=4.55$。

表 5-1　金属粉末粒度分布

金属粉末颗粒粒度分布			金属粉末颗粒尺寸罗辛-拉姆勒分布	
粒度直径 $d_p/\mu m$	颗粒数/个	质量分数	粒度直径 $d_p/\mu m$	粒度直径大于 d_p 的颗粒质量分数 R
48～60	73	0.12	60	0.88
60～80	81	0.29	80	0.59
80～100	35	0.27	100	0.32
100～120	12	0.17	120	0.15
120～150	6	0.15	150	0.00

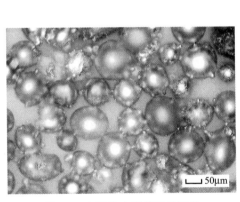

图 5-3　金属粉末形貌显微照片

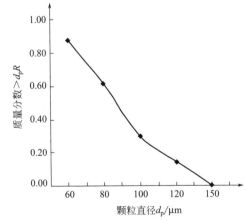

图 5-4　颗粒质量累积率尺寸分布

气固两相流动的主要特性为固体颗粒浓度，颗粒体积浓度 c_f 为：

$$c_f=\frac{V_p}{V_g+V_p} \tag{5-17}$$

颗粒质量浓度 c_g 为：

$$c_g = \frac{M_p}{V_g + V_p} \tag{5-18}$$

式中，V_p为颗粒体积；M_p为质量；V_g为流体体积。

对气固两相流体，其体积浓度比颗粒质量浓度小得更多，因为气相密度远小于固相密度，气相与固相的材料密度相比，约是10^{-3}数量级，即颗粒的质量浓度为0.99，但其体积浓度大约为0.09。在许多流动中，颗粒的质量浓度较小，如激光再制造中金属粉末输送中，粉末质量浓度约为0.5，那么金属粉末的体积浓度则只有10^{-3}的数量级，若粉末质量浓度0.1，则体积浓度降为10^{-4}。所以为简化颗粒和流体的运动方程，假定忽略粒子所占的体积也是可行的。

5.5 边界条件及网格划分

5.5.1 气体-粉末流的边界条件

喷嘴气流入口处采用速度入口条件，气流出口处为压力出口条件$P=0$，无滑移壁面条件。粉末颗粒采用平面入口方式，粉末颗粒在喷嘴内部输送时，颗粒碰到壁面，认为颗粒服从镜面反射原理，以此对颗粒的下一点位置和速度参数进行计算，设置为reflect；颗粒随气流输送到射流场的出口边界时，从边界逃逸，此时停止对颗粒的跟踪，设置为escape。

对于自由射流-粉末流，同轴喷嘴和边界条件都是完全轴对称，可利用轴对称模型建立二维半平面长方形的计算区域，见图5-5。自由气体-粉末流的计算区域半径为70mm，长度为250mm，足够包含所需的粉末流信息，见图5-5。

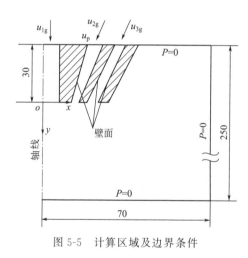

图5-5 计算区域及边界条件

5.5.2 网格划分

网格是离散的基础，网格节点是离散化物理量的存储位置，网格在离散化过程中起着关键作用，划分网格的质量直接决定着数值模拟结果的精确度和收敛的快慢，网格质量差，不仅影响计算结果的精度，而且很多情况下使得结果严重失真，甚至得出错误的模拟结果。喷嘴出口和工件表面附近的区域，气流和粉末的速度梯度较大；远离喷嘴出口区域，速度梯度较小。如果整个流体区域网格划分得过细，将造成划分的单元数量过多，计算量太大无法进行。因此，在喷嘴出口和工件表面附近，网格划分较密，远离喷嘴出口区域，网格划分较粗。从几何模型可以看出，流动区域分固体区域和喷嘴固体区域，不能直接使用结构化网格直接划分，因此将流动区域划分为规则的小区域，对每个小区域进行结构化网格划分，最后组合成一个大区域。喷嘴出口附近的二维网格划分见图4-4(a)。

5.5.3　Fluent 软件中的假设

在 Fluent 软件中计算同轴喷嘴粉末流场做如下假设：

① 喷嘴粉末流场为稳定状态的均匀流场；

② 由于粉末颗粒非常稀疏，粉末颗粒的体积浓度远小于10%，忽略颗粒-颗粒之间的碰撞作用；

③ 粉末从较长的管路输送，进入喷嘴时，载流气体与粉末混合均匀，气体和粉末颗粒具有相同的速度；假设喷嘴输送粉末的入口边界，气流和粉末具有相同的速度；

④ 不考虑激光束对颗粒的热影响，忽略传热计算。

5.6　粉末流场计算模型验证

载气式同轴送粉中，送粉器送出的气体-粉末流进入分粉器，分四路进入同轴送粉喷嘴，从喷嘴喷出。使用 Fluent 6.3.26 软件，求解气相的动量及连续性方程、粉末颗粒的轨道方程，并考虑气相和粉末颗粒之间的相互作用。主要计算喷嘴粉末通道结构（粉末通道锥角、粉末通道出口宽度）和送粉参数（送粉量、气流速度）对粉末流浓度和粉末流汇聚参数的影响。第一步正常求解出气相流场后，第二步求解气体-粉末的耦合流场，若颗粒穿过流体，并且颗粒相不再引起气相变化，认为整个计算过程收敛。

输送粉末的气体为氩气，密度为 $\rho_g = 1.225 \text{kg/m}^3$，流量为 $Q_{2g} = 3\text{L/min}$，黏性系数 $\mu = 2.125 \times 10^{-5} \text{kg/(m·s)}$，气体-粉末流经直径为 2.0mm 管路输送粉末进入喷嘴，气粉混合物的速度为 15.9m/s。输送的金属粉末为 Ni25，送粉量 $M_p = 8\text{g/min}$。粉末颗粒直径见表5-1，粉末的体积浓度为 0.033%。

图5-6(a) 为喷嘴轴截面上的粉末流片光灰度（亮度）值图像，图5-6(b) 为数值计算得到的喷嘴轴截面上的粉末流浓度分布图。粉末流可以分为三个区域：环状粉流区、粉末汇聚区和粉末发散区，见图5-6(b)。粉末颗粒在载气流曳力和重力的作用下，从喷嘴粉末通道（喷嘴内环）喷出后形成环状粉流区，环状粉流区中心没有粉末，粉末浓度为零。粉末流刚离开喷嘴出口时，粉末浓度较小，由于喷嘴锥角的收敛作用，随着距喷嘴出口距离的增加，环状粉末流逐渐汇

聚，粉末浓度增大。粉末流进入粉末汇聚区，粉末流浓度达到最大值，由于粉末浓度增大，粉末颗粒之间的碰撞概率增大（粉末流的体积浓度小于10%，计算中可忽略）。在重力和惯性的作用下，粉末继续向前流动，粉末进入发散区，粉末向外扩散，粉末流浓度减小。

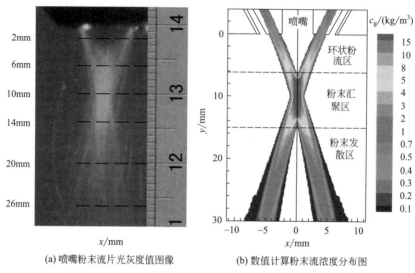

(a) 喷嘴粉末流片光灰度值图像　　(b) 数值计算粉末流浓度分布图

图 5-6　同轴送粉喷嘴粉末流

从图 5-6 中可以看出粉末流片光照片与计算得到的喷嘴粉末流轴截面浓度分布之间存在差异（粉末流照片中的粉末汇聚区比数值计算结果要大，粉末发散区两者存在差异），但两者的粉末流结构发展趋势基本一致。

图 5-7(a) 为距喷嘴出口不同距离时，粉末流亮度值沿横截面的分布曲线，

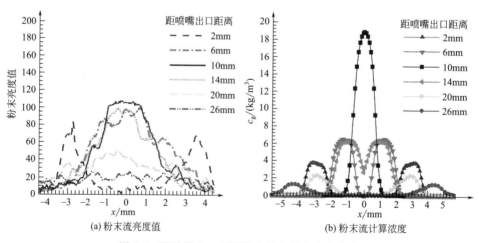

(a) 粉末流亮度值　　　　　　　　(b) 粉末流计算浓度

图 5-7　距喷嘴出口不同距离径向粉末浓度分布

图 5-7(b) 为数值计算得到的粉末流浓度沿横截面的分布曲线。

环状粉流区（$L<6$mm）：从图 5-7 中可以看到，喷嘴出口附近区域（$L=2$mm）的粉末亮度和计算得到的粉末浓度的趋势一致。随着 L 的增大，粉末流汇聚，粉末浓度增大，在接近粉末汇聚区时，计算结果与粉末流亮度在喷嘴轴线附近有所差别。

粉末汇聚区（$6\leqslant L<13$mm）：从图 5-7 中可以看到，随着 L 的增大，粉末流浓度先增大后减小，粉末流直径先减小后增大，但是粉末流的亮度值变化较小，但还是显示了这一趋势。在粉末汇聚焦点（$L=10$mm）处，计算得到的粉末流浓度分布与粉末流亮度分布在汇聚区差别较大，最大误差达 180%，计算得到的粉末流的直径比实际粉末流的直径要小，误差在 30% 左右。

粉末发散区（$L\geqslant 13$mm）：随着 L 的增大，粉末流浓度减小，粉末浓度计算结果和粉末流亮度的发展区域基本一致。在靠近喷嘴轴线区域，两者有差别。

从上述分析来看，粉末流浓度的计算结果与粉末流亮度变化趋势相同，在粉末汇聚区，两者有差别。造成差异的主要原因有：

① 粉末汇聚区浓度的计算结果大于测量结果。

计算粉末流的过程中，忽略了粉末颗粒之间的碰撞作用，在粉末流汇聚的中心区域，粉末浓度最大，颗粒之间的碰撞概率也增大，这使得计算得到的粉末浓度比实际的要高；而测量结果要小于实际的粉末浓度。

② 粉末流汇聚区长度的计算结果小于测量结果。

计算的轴截面的厚度无限小，拍摄粉末流的片光具有一定厚度（1mm），造成片光照片的粉末汇聚区比实际的要大。

③ 粉末流的直径：计算结果小于测量结果。

计算时认为粉末颗粒为球形颗粒，实际使用的粉末颗粒存在形状差异，粉末与喷嘴内壁碰撞后的发散角比计算得到的发散角要大，粉末浓度比计算得到的粉末浓度要小。

图 5-8(a) 为沿喷嘴中心轴线的粉末流亮度值曲线，图 5-8(b) 为计算得到的沿喷嘴中心轴线的粉末流浓度。从图 5-8(a) 可以看到粉末流片光照片中的喷嘴出口处粉末流的灰度值不为零，说明该处有粉末，这与实际情况不符。分析其原因，主要是喷嘴出口端面及内壁的反射光造成的粉末假象。去掉片光照片中喷嘴出口端面及内壁反射光的假象，可以认为粉末流沿喷嘴中心轴线的粉末浓度近似于高斯分布。

总体来说，用数值计算方法得到的喷嘴粉末流浓度分布结果基本符合实际情况，反映出粉末流收敛、汇聚发散这一过程。

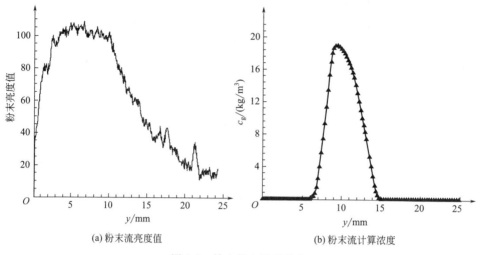

(a) 粉末流亮度值   (b) 粉末流计算浓度

图 5-8　轴向粉末浓度分布

5.7　喷嘴结构参数对粉末流参数的影响

为了研究喷嘴粉末通道结构参数（粉末通道锥角和粉末通道出口宽度）对粉末流的影响，在粉末流模型图 5-1 的基础上，建立如图 5-9 所示的喷嘴粉末通道模型，粉末通道入口的内壁直径为 D_{p1}，外壁直径为 D_{p2}，粉末通道出口的内壁直径为 d_{p1}，粉末通道出口的宽度为 b_1，F 为粉末通道入口到出口处的高度，粉末通道内壁半锥角为 α，外壁半锥角为 β，粉末通道内外壁延长线交于 E 点，d_f 为粉末流汇聚直径，f_1 为 E 点到喷嘴出口的距离，f_2 为粉末流开始汇聚点距喷嘴出口的距离。其中：

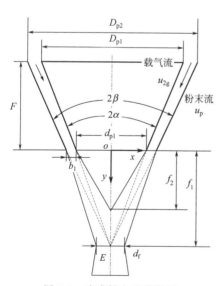

图 5-9　喷嘴粉末通道模型

$$F=(D_{p1}-d_{p1})/(2\tan\alpha) \quad (5\text{-}19)$$
$$f_1=d_{p1}/(2\arctan\alpha) \quad (5\text{-}20)$$
$$\beta=\arctan(d_{p1}/2f_1) \quad (5\text{-}21)$$
$$D_{p2}=d_{p1}+2b_1+2F\tan\beta \quad (5\text{-}22)$$
$$L_f=f_1-f_2 \quad (5\text{-}23)$$

式中，L_f 为粉末流汇聚长度。

从上述分析可知，确定了喷嘴粉末通道内壁半锥角 α、出口宽度 b_1 以及粉末通道出口内壁直径 d_{p1}，就可以基本确定粉末通道的结构参数。

当喷嘴粉末出口直径 d_{p1} 太小时，激光束出口直径过小，激光束容易辐照在喷嘴内壁上，损坏喷嘴。d_{p1} 太大时，喷嘴头过大，不能加工结构上的小尺寸槽，限制了喷嘴的使用范围，同时增大了喷嘴的质量。根据实际使用要求，选定 $d_{p1}=6mm$ 左右较为合适。

固定喷嘴送粉参数（送粉量 $M_p=8g/min$、载气速度 $u_{2g}=3m/s$）不变，分析粉末通道不同的内壁半锥角 α 及粉末出口宽度 b_1 对粉末流的影响，主要分析粉末流汇聚区内，粉末流汇聚焦点直径 d_f，粉末颗粒质量浓度 c_g、粉末流汇聚点距喷嘴出口距离 f_2，粉末流汇聚长度 L_f。从中选择合适的粉末通道结构参数（粉末通道锥角和粉末通道出口宽度）。

5.7.1 粉末通道锥角

图 5-10 为不同喷嘴粉末通道内壁半锥角 α 时的粉末流浓度数值计算结果，图 5-10(a) 为粉末浓度沿喷嘴轴线的分布，图 5-10(b) 为粉末汇聚焦点处的粉末浓度沿径向分布，其中喷嘴结构参数 $b_1=2.0mm$，$D_{p1}=36mm$，$d_{p1}=6mm$。从图 5-10(a) 可以看出，粉末流汇聚焦点处的粉末浓度分布近似高斯分布，粉末通道半锥角对粉末流汇聚焦点位置的影响很大，随着喷嘴半锥角的减小，喷嘴粉末流汇聚点距喷嘴出口距离变远，且粉末流汇聚长度 L_f 变长。从图 5-10(b) 可看出，喷嘴锥度对粉末流汇聚焦点处的粉末浓度分布和汇聚焦点直径影响较小，见表 5-2。

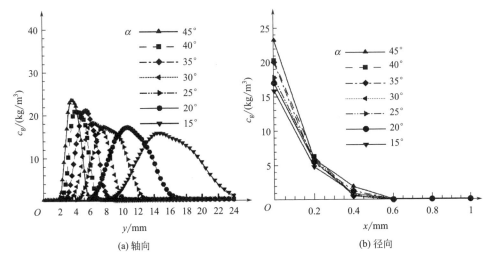

图 5-10 不同半锥角 α 时的粉末浓度分布曲线

表 5-2　不同半锥角对粉末流参数的影响

$\alpha/(°)$	f_2/mm	f_1/mm	L_f/mm	d_f/mm
45	2.8	3.5	0.7	2.4
40	3.3	4.4	1.1	2.5
35	4.0	5.3	1.3	2.6
30	5.0	6.7	1.7	2.4
25	6.0	8.1	2.1	2.6
20	8.0	10.8	2.8	2.8
15	11.2	14.8	3.6	3.0

当喷嘴半锥角较大时（$\alpha=45°$），$f_2=2.8mm$，$L_f=0.7mm$。粉末流汇聚点距喷嘴出口很近，从工件表面产生的飞溅物，很容易黏附在喷嘴粉末出口附近，黏附的残渣改变粉末的流向，破坏激光再制造的质量和精度；高温熔池的热辐射和反射的激光使喷嘴端部升温，温度过高将堵塞喷嘴并损坏喷嘴，同时容易使喷嘴上黏附的金属飞溅物增多，甚至有可能堵塞送粉通道。另外，粉末流汇聚的长度很短，这使得粉末流和聚焦激光束之间配合难度加大。

当喷嘴半锥角较小（$\alpha=15°$）时，$f_2=11.2mm$，$L_f=3.6mm$。粉末流汇聚区离喷嘴出口距离较远，喷嘴喷出气流的保护作用降低，甚至失去对金属熔池及附近的高温区域的保护。

在实际应用中，一般取喷嘴出口距工件表面距离 $L=10mm$ 左右较为合适，粉末流汇聚点一般在工件表面处，有 $f_1=L$。综合以上考虑，喷嘴粉末通道内壁的半锥角 $\alpha=20°\sim25°$ 为宜。

5.7.2　粉末通道出口宽度

图 5-11 为喷嘴粉末通道内壁半锥角 $\alpha=25°$，粉末通道出口宽度 $b_1=0.5mm$，1.0mm，1.5mm，2.0mm，2.5mm 时，粉末浓度沿喷嘴轴线的分布曲线。不同的粉末通道出口宽度对粉末流的影响见表 5-3。从图 5-11 中可以看出，在半锥角相同的情况下，随着喷嘴粉末出口宽度的增大，粉末流汇聚点的粉末浓度 c_g 减小，汇聚焦点直径 d_f 增大，汇聚长度 L_f 增加，而粉末流汇聚起始点 f_2 基本不变。

表 5-3　不同粉末出口宽度对粉末流参数的影响

b_1/mm	f_2/mm	f_1/mm	L_f/mm	d_f/mm
0.5	5.4	7.1	1.6	1.6
1.0	5.6	7.6	1.8	1.8
1.5	5.8	7.8	2.0	2.0
2.0	6.0	8.1	2.1	2.6
2.5	6.2	9.2	3.0	3.0

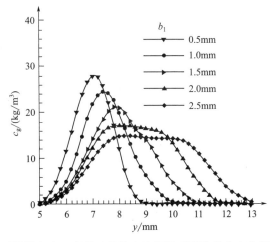

图 5-11　不同粉末出口宽度时的粉末浓度沿喷嘴轴线分布曲线（$\alpha = 25°$）

当粉末出口宽度 $b_1 > 2.5mm$ 后，粉末流的汇聚性能变差，粉末的利用率下降。而当粉末出口宽度 b_1 过小时，虽然提高了汇聚点处的粉末浓度，粉末汇聚直径 d_f 小，有利于提高粉末利用率，但粉末容易堵塞粉末通道。综合以上，喷嘴粉末通道出口宽度 b_1 的取值在 $1 \sim 2mm$ 为宜。

5.8　送粉参数对粉末流参数的影响

根据上述计算选取喷嘴粉末通道的结构参数：$\alpha = 25°$，$b_1 = 1.5mm$，$D_{p1} = 36mm$，$d_{p1} = 6mm$。当粉末喷嘴的结构参数确定后，粉末流的参数（f_1、f_2、L_f、d_f、c_g）与送粉参数（送粉量 M_p、载气速度 u_{2g}、喷嘴中心气流速度 u_{1g}、外保护气流速度 u_{3g}）有关。

5.8.1　送粉量

图 5-12 为载气流速度 $u_{2g} = 3m/s$，送粉量 $M_p = 4g/min$、$8g/min$、$12g/min$ 时的粉末浓度沿喷嘴轴线分布曲线。从图中可以看出，送粉量 M_p 对粉末流浓度分布的影响较大，在载气流速度不变时，随着送粉量的增加，粉末浓度随之增大，粉末浓度与送粉量之间基本上成正比关系。

图 5-13 为用 CCD 相机拍摄的同轴送粉喷嘴在相同载气流参数（$u_{2g} = 3m/s$）情况下，不同送粉量时的粉末流照片，图 5-13(a)、(b)、(c) 依次为 $M_p = 4g/min$、$8g/min$、$12g/min$ 时的粉末流照片。从图中可以看出，随着送粉量的增大，粉末浓度增大，粉末流汇聚后发散的图像更加清晰，而粉末流的汇聚点基本上保持不变。由此可以得出，在喷嘴气流参数不变的情况下，送粉量的变化仅影响粉末

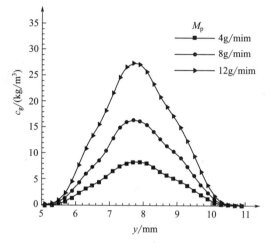

图 5-12 不同送粉量时的粉末浓度沿喷嘴轴线分布曲线

流的浓度分布,而对粉末流的形貌没有影响,对粉末流的 f_1、f_2、L_f、d_f 影响很小。

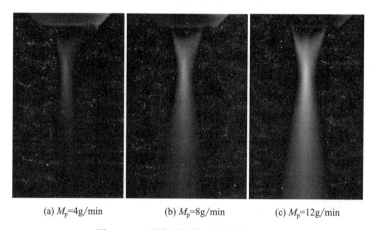

(a) $M_p = 4g/min$ (b) $M_p = 8g/min$ (c) $M_p = 12g/min$

图 5-13 不同送粉量时的粉末流照片

5.8.2 载气速度

图 5-14 为送粉量 $M_p = 8g/min$,载气速度 $u_{2g} = 1m/s$,$2m/s$,$4m/s$,$8m/s$ 时的粉末浓度沿喷嘴轴线分布曲线。从图中可以看出,载气速度对粉末浓度的影响较大,随着载气速度的增大,粉末流浓度减小,粉末流汇聚焦点距喷嘴出口距离增大。

图 5-15 为送粉量 $M_p = 8g/min$,载气速度依次为 $u_{2g} = 1m/s$、$4m/s$、$8m/s$

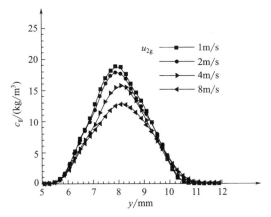

图 5-14 不同载气速度时的粉末浓度沿喷嘴轴线分布曲线

时用 CCD 相机拍摄的粉末流照片。从图中可以看出，粉末从喷嘴喷出后，粉末并没有发散，粉末在喷嘴半锥角作用下收敛，随着距喷嘴出口距离的增加，粉末流开始发散。随着载气速度的增加，粉末流的汇聚点向下移，粉末的汇聚焦点直径 d_f 增大，粉末的发散程度加大。

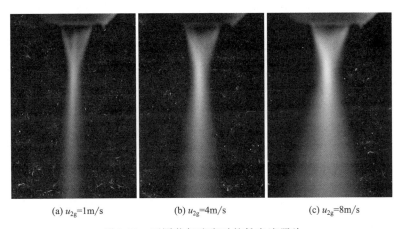

(a) $u_{2g}=1m/s$ (b) $u_{2g}=4m/s$ (c) $u_{2g}=8m/s$

图 5-15 不同载气速度时的粉末流照片

这是因为随着载气速度增大，在气流曳力的影响下，经长距离管路运输后，粉末速度随之增大，达到载气流速度。另外，由于气流速度增大，雷诺数增大，气流紊流程度增大，粉末颗粒受气流脉动的影响，粉末发散度变大。因此粉末浓度减小，粉末束扩散，粉末汇聚焦点直径增大。

5.8.3 喷嘴中心及外环气流速度

图 5-16 为喷嘴中心气流速度分别为 $u_{1g}=1m/s$、2m/s、4m/s、8m/s 时沿

喷嘴轴线的粉末浓度分布，其中送粉量 $M_p = 8g/min$，载气速度 $u_{2g} = 4m/s$。从图中可以看出，喷嘴中心气流对粉末流有一定影响，随着气流速度增大，粉末浓度稍微减小，粉末汇聚稍向下移。

图 5-17 为喷嘴外环气流速度分别为 $u_{3g} = 1m/s$、$2m/s$、$4m/s$、$8m/s$ 时沿喷嘴轴线的粉末浓度分布，其中送粉量 $M_p = 8g/min$，载气速度 $u_{2g} = 4m/s$。从图中可以看出，喷嘴外保护气流对喷嘴粉末的影响很小，随着气流速度增大，喷嘴中心粉末流基本没有变化。

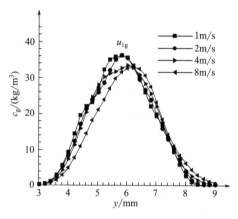

图 5-16　不同喷嘴中心气流速度时
粉末浓度沿喷嘴轴线分布曲线

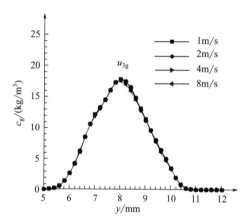

图 5-17　不同外保护气流速度时
粉末浓度沿喷嘴轴线分布曲线

喷嘴中心气流和外保护气流对输送粉末的影响较小，而喷嘴中心气流和外保护气流对喷嘴气流的保护效果影响较大。因此，在激光再制造过程中，选择好送粉参数（送粉量和载气速度）后，再根据载气速度选择合适的喷嘴中心气流速度和外保护气流，获得较好的气体保护效果。

5.9　工件形状对粉末流的影响

图 5-18(a) 为喷嘴轴线对准长方体（模拟工件）边缘且垂直长方体表面，喷嘴出口距长方体表面 10mm，片光过喷嘴轴线并垂直长方体时的粉末流片光照片。从图中可以看出，喷嘴喷出的粉末粒子碰到长方体表面后向上反弹，而喷嘴喷出的保护气流使向上反弹的粉末颗粒向下运动，基本上没有看到反弹的粉末粒子碰撞喷嘴，然后粉末粒子在气流曳力和重力的作用下，向长方体下方流动。图 5-18(b) 为 CCD 相机拍摄的粉末流照片。

在激光再制造过程中，从工件表面反弹的金属粉末颗粒可能黏附到喷嘴出口干扰粉末流的输送，破坏激光加工的稳定性。喷嘴出口距工件表面距离近，粉末粒子碰撞喷嘴的概率会增大得很快。当喷嘴粉末的载气速度较大时，粉末粒子速

(a) 片光照片　　　　　　　　　　　(b) 粉末流照片

图 5-18　长方体边缘的粉末流照片（$M_p = 7.8 g/min$，$u_{2g} = 4 m/s$）

度随之增大，冲击工件表面后粉末粒子的反弹速度增大，粉末粒子碰撞喷嘴的概率较大。

图 5-19(a) 为喷嘴轴线垂直薄壁表面（薄壁的厚度为 2mm），喷嘴出口距薄壁表面距离为 10mm，片光过喷嘴轴线并垂直薄壁表面时的粉末流片光照片（片光）。把图 5-18(a) 和图 5-19(a) 进行比较，可以看出，在相同送粉参数条件下，薄壁结构反弹的粉末粒子少很多。这是因为一些粉末粒子碰撞到薄壁的侧面，反弹粒子减少，使得粒子碰撞喷嘴的概率减少。

(a) 片光照片　　　　　　　　　　　(b) 粉末流照片

图 5-19　薄壁结构的粉末流照片（$M_p = 7.8 g/min$，$u_{2g} = 4 m/s$）

通过分析，可得以下结果：

① 喷嘴粉末通道半锥角对粉末流汇聚焦点位置影响很大，随着半锥角的减小，喷嘴粉末流汇聚点距喷嘴出口距离变远，粉末流汇聚长度变长。粉末通道内壁的半锥角取 $\alpha = 20° \sim 25°$ 为宜。

② 在半锥角相同的情况下，随着粉末通道出口宽度的增大，粉末流汇聚点的粉末浓度减小，汇聚焦点直径增大。喷嘴粉末通道出口宽度 b_1 取值在 1～

2mm 为宜。

③ 送粉量对粉末流浓度分布的影响较大，在载气流速度不变时，随着送粉量的增加，粉末浓度随之增大，粉末浓度与送粉量之间基本上成正比关系，对粉末流形貌的影响较小。

④ 载气速度对粉末浓度的影响较大，随着载气速度的增大，粉末流浓度减小，粉末流汇聚焦点距喷嘴出口距离增大，粉末发散程度变大。

⑤ 喷嘴中心气流速度和外保护气流速度对粉末流影响很小。

参考文献

[1] Gusarov A V, Smurov I. Direct laser manufacturing with coaxial powder injection: Modelling of structure of deposited layers [J]. Applied Surface Science, 2007, 253(19): 8316-8321.

[2] 张锐. 粗煤粉分离器的三维气固两相流动研究 [D]. 吉林大学, 吉林: 2004.

[3] 岑可法, 樊建人. 工程气固多相流动的理论及计算 [M]. 浙江: 浙江大学出版社, 1990: 303-367.

[4] Fuat Kaya, Irfan Karagoz. Numerical investigation of performance characteristics of cyclone prolonged with a dipleg [J]. Chermical Engineering Jourinal, 2009, 151(1-3): 39-45.

[5] 汪林. 旋风分离器气固两相流数值模拟及性能分析 [D]. 哈尔滨工业大学, 哈尔滨: 2007.

[6] 岑可法. 气固分离理论及技术 [M]. 南京: 浙江大学出版社, 1999: 308-367.

改性修理篇——激光梯度去应力改性修理技术

第 **6** 章

绪　论

材料是现代文明的基础，是现代科学技术和社会发展的支柱，材料的制备与研发技术对一个国家的科技、工业、国防和国民经济的发展具有十分重要的意义。现代高科技的竞争在很大程度上依赖于材料科学的发展，对材料特别是对高性能材料的认知水平、掌握和应用能力，直接体现国家的科学技术水平和经济实力，也是一个国家综合国力和文明进步速度的重要标志。

钛及其合金材料因具有比强度高、耐蚀性好、高低温性能好等特点被广泛用于航空航天等工程领域，尤其是在高推重比航空发动机、先进战斗机等国防武器装备中的广泛应用，使其对武器装备技术水平的影响越来越大。随着新技术革命浪潮的推进，面对高技术时代对高性能钛合金材料日益紧迫的要求，近年来，逐步发展了航空发动机应用的高温钛合金、结构钛合金、耐蚀钛合金和高强钛合金等。但钛合金摩擦系数高、耐磨性差、高温高速摩擦易燃以及在高温腐蚀环境中的氧化和热腐蚀问题等限制了钛合金结构件的广泛应用[1]。

大功率激光器的问世，使激光表面改性技术成为一种有效提高钛合金性能的前沿学科。激光熔覆金属陶瓷复合涂层技术可将金属的强韧性与陶瓷优异的耐磨、耐蚀和抗氧化性有机结合在一起，显著提高金属材料的表面性能[2]。但这种复合涂层材料在高温环境下反复使用时，由于涂层和基体的热膨胀系数相差较大，往往在结合界面处产生较大的热应力，导致出现剥落或龟裂现象而使材料失效。

为消除新型航空航天飞行器高温结构件在 1000K 大温差变化时不同材料锐利界面上引起的较大热应力和应变集中，避免热膨胀系数相差较大导致的剥落或龟裂等失效现象，开发能在高温环境下反复使用、具有缓和热应力功能的耐磨耐蚀型涂层材料，跃升整体性能，引入"梯度功能材料"（functionally gradient materials，简称 FGM）理念[3]。FGM 这一概念起源于 20 世纪 80 年代中期的日本。日本科技厅的一系列报告中论述了以航天飞机为重点的太空领域对这种高性能材料的需求，应用目标就是针对航天飞机的发动机和防热系统，研发出表面使用温度 1800℃，表面温差约 1000℃的新型超耐热材料。例如航天飞机发动机燃烧室壁燃烧气体一侧温度在 2000℃以上，而另一侧直接接触制冷材料液氢，巨大的温差将使材料内部产生巨大的热应力。目前广泛使用的隔热性耐热材料由于存在明显的相界面，两相的膨胀系数很大，加热至高温将产生很大的热应力，使涂层遭到破坏甚至引起重大事故。

针对这样的背景，日本学者新野正之、平井敏雄和渡边龙三提出了 FGM 的概念。FGM 是基于一种全新的材料设计理念合成的新型复合材料。通过连续控制包括结构、组成、亚结构和空隙在内的形态与结合形式等微观要素，使材料没有明显的内部界面，各种功能从材料表面向内部逐层过渡呈连续性梯度变化，可有效缓解材料两侧存在的温差引起的巨大热应力。材料以缓和热应力和耐热隔热以及耐腐蚀等为目的研发，具有较高的机械强度，抗热冲击、耐高温（达 2000K 以上）等特点，是可以应用于耐磨、耐高温腐蚀环境的新一代功能材料。

FGM 作为一个全新的概念，因其具有可设计性，所以一经提出就备受青睐，并由于其广阔的应用前景及其战略意义，引起各国政府和学术界的高度重视和极大关注，迅速成为材料界研究的热点[4]。如 1987 年日本科学技术厅提出"关于开发缓和热应力的梯度功能材料的基础技术的研究"的计划；1993 年美国国家标准技术研究所进行了"开展超高温耐氧化保护层的梯度功能材料"项目的研究；德国、法国、俄罗斯等国也相继开展了 FGM 的研究工作；我国政府也把 FGM 的研究与开发列入国家高新技术的"863"计划之中，给予大力资助。目前，在国际范围内已经形成了以日、中、美、俄、德为中心的 FGM 国际合作研究环境。

随着材料科学的不断发展及材料应用领域对材料要求的不断提高，梯度功能理念的应用领域日益广泛。在电子器件、光学、人造脏器、汽车发动机、制动器、化工部门等诸多领域都有广泛的应用[5]。FGM 亦因此发展成为当前结构材料研究领域的重要主题之一。

对 FGM 的研究主要集中在材料的设计、制备和性能评价三个方面，三者紧密相关，相辅相成[6]：材料的设计是研究的基础，它为 FGM 提供最佳的组成和结构梯度分布；材料的制备是研究的核心，制备方法的优劣决定了 FGM 的设计是否能最终实现；材料的性能评价是 FGM 推广应用的保证，建立准确评价 FGM 特性的完整统一的标准试验方法，保证评价的准确性，判明其是否满足使用要求，并依此标准建立 FGM 数据库，反馈给材料设计部门。

6.1 FGM 的概念

FGM 就是以计算机辅助材料设计为基础，采用激光等先进的材料复合技术，使构成材料的要素（组成、结构等）沿厚度方向由一侧向另一侧呈连续梯度变化，从而使材料的性质和功能也呈梯度变化的一种新型材料[3]。

从材料组成的变化来看，FGM 可分为：①梯度功能涂覆型（functional gradient layers，简称 FGL）：即是在基体材料上形成组成渐变的涂层；②梯度功能连接型：即是粘接在两个基体间的接缝组成呈梯度变化；③梯度功能整体型：即材料的组成从一侧向另一侧呈梯度渐变结构，从而获得多种特殊功能，这是 FGM 的一大特点[7]。从材料的组合方式来看，FGM 可分为金属/合金、金属/非金属、非金属/陶瓷、金属/陶瓷、陶瓷/陶瓷等多种组合方式。

FGL 与均质材料和复合材料的区别见表 6-1[8]，可以看出三种材料在设计思想、组织结构、结合方式、微观宏观组织和功能上的异同。图 6-1 给出了 FGL 与均质材料和常规复合材料的结构模型对比，可以看出它们的材料结构完全不同。

表 6-1 FGL 与均质材料和复合材料的区别

材料\项目	均质材料	复合材料	FGL
设计思想	分子、原子级水平合金化	材料优点的相互复合	特殊功能为目标
组织结构	$0.1nm\sim0.1\mu m$	$0.1\mu m\sim1m$	$10nm\sim10mm$
结合方式	分子间力	化学键或物理键	分子间力或化学键或物理键
微观组织	均质或非均质	非均质	均质或非均质
宏观组织	均质	均质	非均质
功能	一致	一致	梯度化

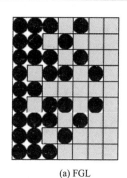 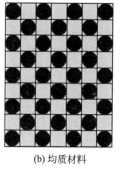 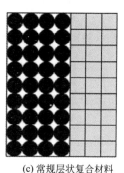

(a) FGL　　　　　　(b) 均质材料　　　　　　(c) 常规层状复合材料

图 6-1 FGL 与均质材料和常规层状复合材料之间的差别

材料成分和性能的突变常导致明显的局部应力集中，无论该应力是内部的还是外加的。如果从一种材料过渡到另一种材料是逐步进行的，这些应力集中就会大幅度降低，从而使材料性能得到显著改善。FGL 具有如下特点[7]：

① 热应力值可减至最小；

② 对于一给定的热机械载荷，FGL 可推迟塑性屈服和失效的发生；

③ 抑制自由边界与界面接合处的严重应力集中和奇异性；

④ 与突变的界面相比，可以通过在成分中引入连续的或逐级的梯度来提高不同固体（如金属和陶瓷）之间的界面结合强度；

⑤ 可对界面力学性能梯度调整来降低裂纹沿着或穿过界面扩展的驱动力；

⑥ 通过逐级或连续梯度可在延性基底上沉积厚的脆性涂层；

⑦ 通过调整表面层成分梯度，可消除表面锐利压痕根部的奇异场，或改变压痕周围的塑性变形特征。

6.2　FGL 的设计

FGL 的设计目的是为了获得最优的材料组成和成分分布，最大程度缓和热应力，使 FGL 满足使用要求。一般说来，FGL 的设计主要包括两个方面：一个是构成 FGL 的物系设计，另一个则是热应力缓和结构设计。

物系设计主要是考虑所选材料性质要与目标环境（温度、强度等）相适应。此外，还要充分注意所选材料间的物理化学相容性，包括热膨胀率相差不能太大，两相尽可能有较好的润湿性和材料制备条件的同一性（两结合特性、致密化条件等）。

热应力缓和结构设计是追求在选定物系的前提下，使 FGL 的热应力最为适宜。这种最佳条件既要考虑材料在制备过程中的残余应力，还要考虑材料在使用条件（如温度梯度和热冲击性能等）下的响应热应力，只有同时满足环境要求和

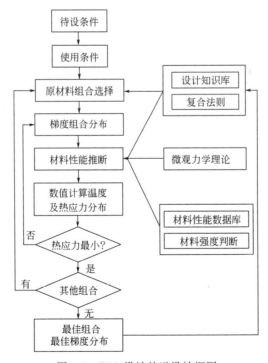

图 6-2　FGL 设计的逆设计框图

热应力最适宜的设计才是完整的设计。因此，一般都采用逆设计的方法。图 6-2 示出了 FGL 设计的程序流程[9]：根据使用的热环境和构件形状，确定热应力学的边界条件；以知识库为基础选择可供合成的 FGL 材料组合体系和制备方法；然后选择成分呈梯度变化的分布函数，按照材料的复合规律、微观力学理论、材料性能数据库等进行材料的性能推断，最后实施温度分布和热应力计算。变换梯度成分分布函数和材料组合，反复上述过程可得到热应力最小的组合和梯度成分的 FGL，最后将设计结果提交材料合成部门，合成后的材料经过评价再反馈到材料设计部门。

6.3 FGL 的制备

FGL 的制备，既要确保所采用的工艺可完成材料设计的组成和结构梯度变化，又要优化工艺以提高材料整体的致密性，避免缺陷存在，因此受到国内外广大研究者的极大关注。

FGL 的合成方法有很多种，使用的原料可以是气体、液体或固体，通过物理或化学方法获得所需要的梯度材料。表 6-2 总结了 FGL 的制备方法，并给出了一些范例[10]。目前世界上研究并初步应用的材料合成方法大致分为两类：一种方法是整体法［包括自蔓延高温合成法（SHS）、粉末冶金法（PM）等］，即用材料组元预先制备成整体坯样，然后采用一定工艺获得所需性能的 FGL。另一种方法是表面涂层法（包括气相沉淀法、激光熔覆法、等离子喷涂法等），即在材料基体上沉积不同特性的另一种涂层材料，使复合后的材料有梯度功能特性。其本质都是使组元成分的浓度沿材料的厚度方向呈连续梯度变化。

表 6-2 FGL 的制备方法小结

相	反应性质	方　　　法	FGL 范例
气相	化学	化学气相淀积（CVD）	SiC/C,C/TiC,SiC/TiC
	物理	物理气相沉积（PVD），如离子喷涂、等离子体溅射	Ti/TiN,YSZ/NiCr
液相融体	化学	电沉积	YSZ/Al$_2$O$_3$
	物理	等离子体溅射、共晶反应法	YSZ/NiCr,Al/SiC
固相	化学	自蔓延高温合成法（SHS）	TiB$_2$/Ni,TiC/Ni,Nb/NbN
	物理	烧结扩散法	ZrO$_2$/SUS,Al$_2$O$_3$/Mg,Al$_2$O$_3$/Y,ZrO$_2$/Ni

由于添加的陶瓷颗粒与金属界面处往往有较大应力集中，且常会发生物理化学反应，使得材料内部易出现裂纹或孔洞，很多学者把原位自生成技术用于制备

FGL。所谓原位自生技术，即在一定条件下，通过元素与元素或元素与化合物间的放热化学反应，原位形成陶瓷相。这种陶瓷相弥散分布，尺寸细小，颗粒表面无污染，与基体存在较好的浸润性，界面结合强度高。

6.4 FGL 的性能评价

FGL 的性能评价就是采用各种实验手段，测定其各种性能，从而判断其是否满足使用要求，并将评价结果反馈到材料设计和材料制备中的一项综合技术。由于 FGL 是一种全新材料，与传统材料不同的是沿着某一方向，其各组元的成分连续或逐级变化，致使其性能发生梯度变化，因而不能采用常规的测试手段来评价其整体性能。虽然国内外学者对评价技术进行了大量研究，但针对 FGL 的性能评价的技术尚处于研究的初级阶段，而且无法形成国内外统一的标准。目前，日本和美国正致力于建立统一的标准特性评价体系，但尚未有公开的研究成果。

FGL 的性能评价主要是对其热性能和机械性能进行评价。热性能的评价一般包括热应力缓和特性评价、热疲劳特性评价、热冲击性能评价和特殊功能性评价等。日本在这一方面有很大的优势，已研制出测定材料表面温度 2000℃、温差 1000℃的实验条件下热疲劳和热冲击性能的装置；采用空气摩擦加热场模拟大气层环境，对材料的耐热、抗氧化性和重复使用性进行评价；采用激光局部加热、用声学探测对材料的抗热冲击性能进行评价。机械性能的评价指标有：弹性模量、断裂应力、断裂应变和断裂韧性等。

总体来说，不同类型的 FGL 需要评价不同的特性，因此应采取不同的评价方法。另外，统一的评价体系仍是 FGL 的性能评价的主要研究热点。

6.5 FGL 的应用前景和存在的问题

从发展趋势来看，FGL 的研究已从最初的概念设计、基础研究和原理性演示，逐步走向把实验室成果向实用化方向转化和推进。今后 FGL 的研究仍以材料设计、合成和评价为中心，不断完善设计、评价系统。虽然 FGL 是针对航空航天领域应用的超耐热材料，但由于它具有均质材料和复合材料无法比拟的优点，将广泛应用于各种材料领域，如核能领域，生物医学领域，化学领域，光电工程领域，信息工程领域以及民用建筑领域等。

在 FGL 领域中，目前存在的有待解决的问题主要表现在以下几个方面：
① 材料设计中，材料的性能设计库有待大量积累，涉及理论需进一步完善。
② 材料合成向制造大尺寸复杂形状的 FGL 发展，应用领域扩大，实现实用化。

③ 性能评价需要建立评价标准，评价原理、方法和设备需进一步研究。

参考文献

[1] 赵永庆.奚正平.曲恒磊.我国航空用钛合金材料研究现状 [J].航空材料学报，2003，23(增)：215-219.

[2] 刘元富.王华明.激光熔敷 Ti_5Si_3 增强金属间化合物耐磨复合材料涂层组织及耐磨性研究 [J].摩擦学学报，2003，23(1)：10-13.

[3] 新野正之.平井敏雄.渡边龙三.倾斜机能材料-宇宙机用超耐热材料 [J].日本复合材料学会志，1987，13(6)：257-264.

[4] 李碧容.张国亮.功能梯度材料的发展、制备方法及应用前景 [J].云南工业大学报，1999，15(4)：35-38.

[5] Surech S(美国).Mortensen A(瑞士).李守新，译.功能梯度材料基础制备及热机械行为 [M].北京：国防工业出版社，2000：1-6.

[6] 黄敬东.吴俊.王银平.黄清安.梯度功能材料的研究评述 [J].材料保护，2002，35(12)：8-12.

[7] 陈再良.金康.刘淑英，等.机械工程用功能梯度材料涂层制备技术及其应用 [J].金属热处理，2002，27(3)：5-8.

[8] 朱信华.孟中岩.梯度功能材料的研究现状与展望 [J].功能材料，1998，29(2)：121-127.

[9] 邹检鹏.阮建明.周忠诚，等.功能梯度材料的设计与制备以及性能评价 [J].粉末冶金材料科学与工程，2005，10(2)：78-87.

[10] 李湘洲.功能梯度材料 [J].金属世界，2007，(2)：49.

第 7 章

FGL物系及结构优化设计

  FGL 设计的目的是为了获得最优的材料组成和成分分布，最大程度缓和热应力，使 FGL 满足使用要求。因此主要考虑两个方面的内容：构成 FGL 的物系设计和在选定物系基础上的热应力缓和结构设计。

  在 FGL 的研究过程中，结构优化设计是一个重要的环节，是 FGL 制备的基础。FGL 的结构设计是根据材料的实际制备或使用条件，提出 FGL 的目标性能要求，结合构成材料的组成分布，通过热应力模拟计算对 FGL 的组成和结构进行设计。

  以初选的合金粉末体系作为研究对象，利用 ANSYS9.0 有限元软件，采用参数化设计语言，模拟 Nd：YAG 激光直接制造热应力缓和型 FGL 的残余热应力，研究残余热应力在 FGL 中的分布规律，并根据模拟结果确定 FGL 的成分分布指数 p、梯度层层数 n 和单层厚度 h，为 FGL 的制备奠定理论基础。

7.1 FGL 物系设计

  熔覆材料的选择主要考虑其与基体材料的相容性、基体材料和熔覆材料的热物理性能、颗粒与液态金属件的浸润性及化学反应、缺陷的形成及预防等因素。充分考虑合金粉末为满足特定使用要求所应具有的机械性能后，在元素的选取上遵循的一般原则是[1]：合金材料与基材的热膨胀系数、热导率等物性参数相近，以免在熔覆层中产生过大的残余应力而造成裂纹等缺陷；合金材料与基材间具有良好的浸润性，不发生强烈的界面反应；合金材料应具有良好的脱氧、造渣能力。

  针对钛合金基材，初步选取 Ti、Al、Sn、Si、Mo、Zr、Cr_3C_2 和 Y 粉作为 FGL 的熔覆粉末。合金粉末研磨后机械充分混合。FGL 中陶瓷增强相 TiC（物性参数见表 7-1）为原位自反应生成[2]，具有高硬度、抗氧化、耐腐蚀性好等优点，弥散分布，尺寸细小，颗粒表面无污染，与基体存在较好的浸润性，界面结合强度高，避免了金属相与陶瓷相的强烈界面反应，有利于防止裂纹的形成。TiC 在热力学上与钛及钛合金相容，密度与钛相近，热膨胀系数差在 50% 以内，泊松比相近，弹性模量 440GPa，是钛的 4 倍，抗拉强度比钛大很多。

表 7-1　TiC 颗粒增强相的性能

密度/(g/cm³)	硬度 Hv	熔点/℃	弹性模量/GPa	热膨胀系数/K⁻¹	热导率/(W⁻¹·m·K)
4.72	3200	3160	420～439	7.4×10^{-6}	25.1

在高能激光束的辐照下，陶瓷颗粒 Cr_3C_2 与 Ti 金属界面的作用大致可以分为三个阶段：第一阶段，材料表面相互接触形成物理结合；第二阶段，当金属溶液与 Cr_3C_2 固相接触时，其材料表面活化，建立起新的化学平衡，固相元素通过扩散进入金属溶液，与金属溶液中的元素发生反应形成化合物，成为熔覆层中的强化相；第三阶段，材料相互作用的体积扩散。

在第一阶段中，表征陶瓷相与金属间润湿能力的润湿角，随激光辐照过程中合金粉末熔化性质的变化而改变，而熔覆层的组织能否按设计的要求产生，主要由第二阶段决定，即材料在相互接触的过程中伴随着电荷的迁移和原子的转移，将发生界面化学反应，生成与原陶瓷相完全不同的新相。新相的生成，不仅取决于合金粉末本身的性能，而且取决于激光熔覆的工艺参数等条件，如温度、时间等。在激光辐照熔融过程中，Cr_3C_2 和 Ti 之间可能发生如下化学反应：

$$2Ti + Cr_3C_2 =\!=\!= 2TiC + 3Cr \tag{7-1a}$$

由化学反应热力学可知，在某一温度 T 下，参加反应的各物质自由能：

$$G_{i,T} = H_{i,T} - TS_{i,T} \tag{7-1b}$$

根据式（7-1a）中参加反应的各物质的热力学数据，对其反应的生成自由能有：

$$\Delta G = 2G_{TiC} + 3G_{Cr} - 2G_{Ti} - G_{Cr_3C_2} \tag{7-1c}$$

计算表明，式（7-1a）的置换反应在高温（1600K）下的自由能变化 $\Delta G = -61.43\text{kJ} < 0$，故激光辐照生成 TiC 颗粒并分离出 Cr 原子的过程为一个自发反应过程。

预设在熔覆过程中发生的原位反应包括：

$$Ti + Al =\!=\!= TiAl \tag{7-1d}$$

$$5Ti + 3Si =\!=\!= Ti_5Si_3 \tag{7-1e}$$

$$Ti + C =\!=\!= TiC \tag{7-1f}$$

$$Si + C =\!=\!= SiC \tag{7-1g}$$

$$Ti + 3Al =\!=\!= TiAl_3 \tag{7-1h}$$

$$3Ti + Al =\!=\!= Ti_3Al \tag{7-1i}$$

在激光束作用下的合金基体表面能否按预先设计的成分发生反应而得到增强相，以及其他相关产物的形成情况，可以利用标准反应吉布斯自由能 ΔG 研究反应进行的方向及 ΔG 随温度的变化对反应趋势的影响。吉布斯提出[3]：恒温、恒压下 ΔG 可作为反应过程自发性的判据，即：

$\Delta G < 0$，自发过程；

$\Delta G > 0$，非自发过程；

$\Delta G = 0$，平衡状态；

$$\Delta G = \Delta H - T \Delta S \tag{7-1j}$$

由于 ΔH 与 ΔS 随温度的变化很小，因此可以根据发生反应的自由能变化进行线性拟合绘制 ΔG 随温度变化的曲线见图 7-1。根据化学反应的热力学判据，从图 7-1 可直观地看出在 $700 \sim 2500\mathrm{K}$ 温度范围内，上述式(7-1d)~式(7-1i) 中的 6 个反应均能进行，在激光熔覆过程中可能生成 TiAl、TiAl₃、Ti₃Al、Ti₅Si₃、TiC、SiC、Ti₃SiC₂。而且根据热力学理论可知 ΔG 越负，在相同的条件下反应越容易进行，据此可以判定在相同的反应条件下，上述 6 个反应进行的难易程度，按 ΔG 从小到大排列依次为：式(7-1e)<式(7-1i)<式(7-1h)<式(7-1f)<式(7-1d)<式(7-1g)。

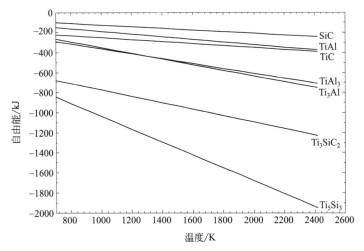

图 7-1 激光熔池中可能发生反应的自由能随温度变化曲线

结合合金相图，熔池中的反应温度应该控制在 2500K，才能使合金粉末全部熔化，预设的原位反应在激光熔覆过程中发生，而熔池的温度与激光的工艺参数及熔覆粉末对激光的吸收率有密切关系。

7.2 FGL 结构优化设计

FGL 结构优化设计的目的在于确定合金粉末的叠加方式，得到最优的组成分布，从而实现制备时残余应力分布最优。为此，要进行如下的分析：

① 确定合金粉末的成分分布方式，建立几何模型及相应的坐标系统；

② 确定 FGL 各梯度层材料的物理性能参数；

③ 建立有限元模型，并确定初始条件和边界条件；

④ 借助有限元计算热应力分布规律，考察成分分布指数 p、层数 n 和单层厚度 h 对残余热应力的影响分布规律，本着热应力最小原则，优化确定 p、n 和 h 值。

7.2.1　成分分布及几何模型

与普通材料不同，FGL 材料各组元含量沿着某一方向呈连续或梯度变化，因此必须建立材料成分与梯度变化方向上的位置之间的函数关系。若 FGL 由两组分（α、β 相）构成，其组成沿 x 轴方向呈一维梯度分布，将组分 α 相的体积分数 $f_\alpha(x)$ 沿 x 轴的变化视为一连续函数，若材料是完全致密的，则组分 β 相的体积分数为 $1-f_\alpha(x)$。这些函数常常是上凸或下凹的曲线，最常用的是如下幂函数[4]：

$$f_\alpha(x)=\begin{cases} 0 & 0\leqslant x\leqslant h_1 \\ \left(\dfrac{x}{h}\right)^p & h_1\leqslant x\leqslant h_1+h \\ 1 & h_1+h\leqslant x\leqslant H \end{cases} \tag{7-2}$$

式中，h 为过渡层厚度；p 为过渡层的成分分布指数，其值的大小决定了 $f_\alpha(x)$ 的曲率。只要合理选择 p 值，就可改变 $f_\alpha(y)$ 曲率的方向。现在有许多文献使用了此梯度分布函数，这是因为该模型成分分布的可变范围很大，适当选取 p 值可以满足成分设计要求，且以成分分布指数 p 来描述成分梯度比较直观，如图 7-2 所示。

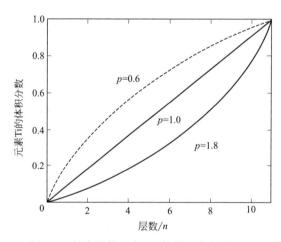

图 7-2　梯度指数 p 与 Ti 体积百分含量关系

图 7-3 为 FGL 几何模型示意图，其尺寸为 30mm×20mm×3mm（长×宽×高）。

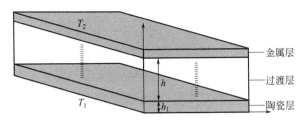

图 7-3　FGL 几何模型

激光束对基体和合金粉末的辐射是一个快速动态熔凝、非平衡的物化冶金过程，且受材料、工艺、环境等因素影响，无法完全根据实际情况计算温度和应力的分布及变化规律，需忽略复杂的激光扫描过程，对部分条件进行如下假设：

① 激光能量输入服从高斯分布。

② 激光扫描采用瞬态分析，且整个工件的温度是均匀的。

③ 材料是连续的，粉末从粉体到实体转变等效为连续体的物性参数。

④ 不考虑熔池内液态金属的流动和换热。

⑤ 基体与熔覆层仅与外界发生对流换热，将辐射的影响耦合到对流中；考虑材料熔化和凝固时相变潜热的吸收和放出，引入焓。

⑥ 在计算物理性能时，材料的热导率、比热容、对激光的吸收系数等随温度的变化而变化，假设梯度层中各相分布均匀，材料的物理性能各向同性且无塑性变形。

7.2.2　物性参数

在 FGL 的结构设计和性能评价中，必须首先确定各梯度层材料的物性参数，例如密度、热传导系数、热膨胀系数、泊松比和弹性模量等。对于 FGL 这样一种无确定的规律可循且相关知识相对贫乏的材料体系，精确地测定其热物理性能参数是一项庞大而复杂的工作。目前应用较广泛的方法是采用混合法则进行物性参数的推算，即根据组成 FGL 的基本材料的物性参数，选择合适的复合法则进行梯度中间层的物性参数的推算。采用经典线性混合法则（Voight[5]模型）对梯度层的各个物性参数进行近似计算：

$$k = k_c f_c + k_m f_m \tag{7-3}$$

式中，k、k_c 和 k_m 分别为 FGL、组元 1 和组元 2 所对应的物理性能，f_c、f_m 分别为组元 1 和组元 2 的体积分数。线性混合法则是一种近似计算多相材料的方法，其计算结果与实际情况有一定偏差，也有很多其他更为复杂的或者专门针对某类型多相材料的复合法则，但是线性混合法则因其简单实用，应用非常广泛。

7.2.3 有限元模型

依据图 7-3 的几何模型，做同样的有限元模型，模型采用三维 8 节点实体单元。同时，为了能够达到模拟过程的连续性和结果的稳定性，在光斑直径内至少选取 5 个以上的节点[6]。光斑直径取 1mm，网格大小采用 $0.1\text{mm} \times 0.1\text{mm} \times 0.1\text{mm}$ 的立方网格划分。为了得到最佳参数组合且便于调试，模型采用参数化的尺寸。每层的厚度为 h，宽度定为 20mm，长度定为 30mm，一共 n 层。通过 APDL 语言完成，结果见图 7-4。网格划分采用 mapped 方式，如图 7-5 所示。

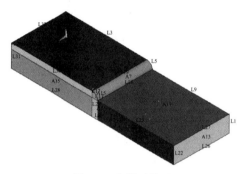 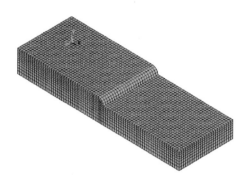

图 7-4 有限元模型   图 7-5 网格划分模型

7.2.4 初始条件和边界条件

材料制备过程中的温度为 1726K，冷却后的温度为 300K，在冷却过程中与空气接触的各面的对流和辐射换热系数均相同。冷却过程中试样处于弹性状态，无塑性变形；高温时材料性能的变化（如蠕变）忽略不计；各梯度层之间的界面结合良好；材料的各项物性参数均各向同性。

辐射会导致分析呈高度非线性，从而使求解时间增加到原来的 3 倍。在工程应用中通常是将辐射系数与对流系数整合成为一个总换热系数[7]：

$$q = q_c + q_r = \left[a_c + c_{12} \frac{\left(\dfrac{T_w}{100}\right)^4 - \left(\dfrac{T_f}{100}\right)^4}{T_w - T_f} \right] (T_w - T_f)$$

$$= (a_c + a_r)(T_w - T_f) = h(T_w - T_f) \tag{7-4}$$

式中，a_c 是对流系数；a_r 是辐射系数；h 即为整合为一个总换热系数。对于 a_r，可使用下面的 Vinokurov 经验关系式求解：

$$a_r = 2.4 \times eT^{1.61} \tag{7-5}$$

此公式将辐射系数与对流系数结合起来成为一个整体系数，求解精度损失小于 5%。

整合辐射和对流，根据经验公式：

$$h = 2.2(T - T_0)^{0.25} + 4.6 \times 10^{-8}(T^2 + T_0^2)(T + T_0) \tag{7-6}$$

此公式确定的总换热系数 h 的曲线如图 7-6 所示（T_0 取 300K）。

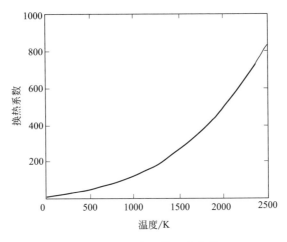

图 7-6　总换热系数 h 的曲线

可见随着温度的下降，辐射和对流都会越来越缓慢，所以降温速度也就越来越小，直到冷却到室温，达到温度的平衡。

激光表面辐射过程中都伴随有熔化和凝固过程，熔池内存在一个位置和形状不断变化的相界面，形成随时间变化的两个活动部分，且在相界面上伴有相变焓的吸收和释放，使得界面两侧的热流不连续。早期的研究一般不考虑熔化和凝固相变过程中的潜热，但是随着研究的深入，发现通过计算得到的熔池深度要比实际测量得到的深一些[8]，这说明相变潜热是影响模型准确性的一个不容忽视的因素，它直接影响着熔池的最终穿透深度，因而在建立模型时，只有将相变过程中潜热的吸收和释放影响考虑进去，才能得到较为准确的熔池形状。有些研究者将潜热的影响通过对材料热容的修正来实现，凝固过程中潜热的释放是通过计算不同相的体积分数来实现的。而有些研究者考虑到液态金属的流动对温度场的影响，则是通过对材料的热导率的修正来实现的。

相变潜热模型在数学上是强非线性问题，所以计算比较困难。在 ANSYS 中，通过定义材料随温度变化的焓来考虑潜热，焓的单位是 J/m³，是密度与比热的乘积对温度的积分，即：

$$H = \rho c \int T \, \mathrm{d}T \tag{7-7}$$

式中，H 为焓；ρ 为密度；c 为比热；T 是温度。所以在 ANSYS 中给出不同温度的比热即可。

7.2.5　模拟结果分析

首先将层数暂定在 10 层，层厚暂定在 4mm，改变 p，根据残余热应力的大小以及分布，综合各因素得到最佳 p 值；以最佳 p 值和 4mm 的层厚不变，改变层数，得到残余热应力随层数的变化规律；以最佳 p 值和选定的最佳层数不变，改变单梯度层厚，得到残余热应力随单层厚度的变化规律。

（1）成分分布指数 p 对残余应力的影响

不同的 p 值带来梯度层热膨胀系数、弹性模量和温差的变化，从而导致热应力的改变。残余应力随 p 值的变化规律如图 7-7 所示。可以看出，当 $p<1$ 时，随着指数 p 增大，残余应力迅速减小，并且在 $p=1\sim1.2$ 时达到最小值 230.2MPa；当 $p>1$ 时，随着指数 p 增大，最大残余应力又呈逐渐缓慢上升的趋势。

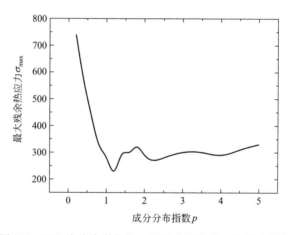

图 7-7　FGL 成分分布指数 p 对最大残余应力的影响规律

在金属-陶瓷系 FGL 的制备和使用过程中，材料强度的薄弱环节往往是抗拉能力较差的富陶瓷侧。故在考虑最大热应力及其最易发生位置的前提下，进一步考察残余热应力对陶瓷侧的影响是具有实际意义的。图 7-8 是富 TiC 侧最大拉应力值随成分分布指数 p 的变化规律。可以看出，随着 p 值增大，富 TiC 侧的应力状况逐渐由拉应力状态向压应力状态过渡，在 $p=1.0\sim1.1$ 处，富 TiC 侧热应力值为零，即此时材料不承受热应力。这对于梯度材料的制备无疑是极为有利的。

综合上述分析，无论是热应力值的大小，还是热应力的分布情况，$p=1$ 均为最佳，故选 $p=1$ 为最佳 FGL 成分分布指数值，即沿 FGL 厚度方向金属成分含量按体积分数呈线性增大。

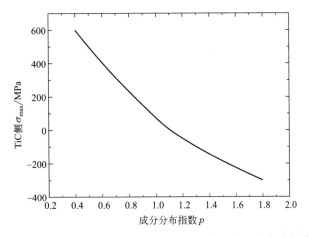

图 7-8　富 TiC 侧最大拉应力值随成分分布指数 p 的变化规律

（2）梯度层数 n 对残余热应力的影响

以 $p=1$ 和 4mm 的层厚不变，改变层数 n，分析 n 对 FGL 残余热应力的影响规律，从而确定最佳 n 值，如图 7-9 所示。

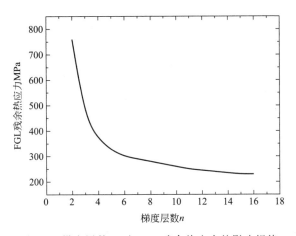

图 7-9　梯度层数 n 对 FGL 残余热应力的影响规律

可以看出，随着 n 的增大，最大残余应力越来越小。当 n 值为 2～10 时，最大残余应力下降迅速，从 760MPa 急剧降到 250MPa，下降幅度达到 67.1%。随着 n 的继续增大，应力下降变得缓慢，热应力缓和效果变得不明显，从 $n=11$ 时的 245MPa 一直到 $n=16$ 时的 230MPa，最大残余热应力才减少了 15MPa。

最大残余热应力随梯度层数 n 的变化规律，一方面充分说明采用梯度层过渡能使残余热应力及各分热应力得到有效缓和，与 N-FGL 相比，体现出 FGL 的热应力缓和效果。另一方面，说明梯度层数越多则残余热应力越小。但是层数 n

每多增加一层，工艺更加复杂，所用的时间也更多，成本将会增加很多，所以综合残余热应力的缓和效果与实际生产中的成本考虑，取 $n=10$ 比较合适。

（3）单梯度层厚度 h 对残余热应力的影响

以 $p=1$ 和 $n=10$ 的为基础，研究单梯度层厚度 h 对残余热应力的影响。图 7-10 为 FGL 中最大残余热应力与单层厚度 h 的关系。可见，随单层厚度 h 的增加，FGL 最大残余热应力呈先降低后上升的趋势，且在 $0.2\sim0.4$mm 处出现极小值。所以在满足需要的前提下，结合激光工艺参数对熔覆层单道多层宏观质量的影响规律的优化结果，可选 $h=0.3$mm。

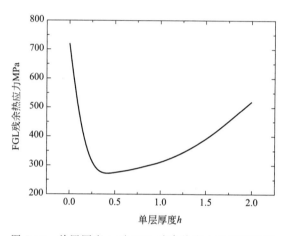

图 7-10 单层厚度 h 对 FGL 残余热应力的影响规律

（4）热应力缓和效果比较

从上述讨论中可知，当 $p=1$，$n=10$，$h=0.3$mm 时，FGL 可获得较好的热应力缓和效果。N-FGL 和 FGL 各热应力分量值比较结果如表 7-2 所示。可见，各残余热应力分量在 N-FGL 的金属和富陶瓷界面附近存在较大热应力集中，X、Y 方向上金属侧受压，富陶瓷侧受拉，而在 Z 方向上热应力情况恰好相反，且所有的分应力值都较大，材料处于较恶劣的应力状况下，极易导致其沿富陶瓷侧严重翘曲，甚至在界面结合处分层。而对于 FGL，金属和富陶瓷界面消失，残余热应力在整个界面上连续梯度分布，热应力与 N-FGL 相比均有大幅度减小。

表 7-2 FGL 和 N-FGL 各热应力分量值比较结果

项目	σ_{xx}/MPa		σ_{yy}/MPa		σ_{zz}/MPa		$|\sigma_{xy}|$/MPa	
	max	min	max	min	max	min	max	min
N-FGL	630	−726	590	−718	125	−73	66.3	−128
FGL	202	−262	209	−256	26.4	−20.3	27.5	−50.2
$1-\dfrac{\sigma_{\text{FGM}}}{\sigma_{\text{N-FGM}}}$	0.679	0.639	0.646	0.643	0.789	0.722	0.585	0.608

残余热应力在 FGL 中的分布规律模拟分析表明：

① 当 FGL 成分分布指数 $p<1$ 时，最大残余热应力随指数 p 的增大迅速减小；当指数 $p>1$ 时，最大残余热应力随指数 p 的增大呈现缓慢增大；当指数 $p=1\sim1.2$ 时，最大残余热应力最小，并且表现出理想的应力分布状态，即在 FGL 的金属侧为拉应力，富陶瓷侧为压应力。

② 最大残余热应力随梯度层数 n 的增大而减小，并在层数 $n=2\sim10$ 的区间时，最大残余热应力的下降速度大。

③ 最大残余热应力随单层厚度 h 的增大呈先减小后增大趋势，且在 $0.2\sim0.4$mm 处出现极小值。

④ 选取成分分布指数 $p=1$、梯度层数 $n=10$ 和单层厚度 $h=0.3$mm，可以保证 FGL 具有最佳的应力缓和效果，即成分分布方式为线性变化。

参考文献

[1] 续晶华，耿浩然，等．功能梯度材料的制备方法与性能评价 [J]．热加工工艺，2009，18(38)：57-60．

[2] 张三川，等．激光熔覆耐磨合金的设计方法与原则 [J]．激光与光电子学进展，2001，11：49-53．

[3] 吕维洁．原位合成钛基复合材料的制备、微结构及力学性能 [M]．北京：高等教育出版社，2005：2-3．

[4] 张幸红，曲伟，张学忠，等．TiC-Ni 梯度功能材料的优化设计 [J]．材料科学与工艺，2000，8(1)：81-83．

[5] 亢一澜，徐千军，余寿文．功能梯度材料(FGM)温度应力的实验研究 [J]．科学通报，1998，43(4)：442-444．

[6] 沈显峰．多组元金属粉末直接激光烧结过程数值模拟及烧结区域预测 [D]．四川：四川大学博士学位论文，2005．

[7] 沈显峰，王洋，姚进，等．直接金属选区激光多道烧结温度场有限元模拟 [J]．四川大学学报(工程科学版)，2005，37(1)：47-51．

[8] 郭华锋．金属粉末激光烧结温度场的三维有限元模拟及实验研究 [D]．江苏大学硕士学位论文，2006．

第 **8** 章

FGL激光直接制备

合金粉末激光直接制备成型是研究 FGL 的核心和先决条件，成型质量的优劣直接影响了 FGL 设计能否实现和性能的评价。影响 FGL 宏、微观质量的因素主要包括：材料参数（基体材料和熔覆材料的热物理性质，如熔点、热导率和热膨胀系数等）和激光工艺参数（激光功率、扫描速度、光斑直径、搭接率、Z 轴进给量、送粉率和送粉载气等）。所采用的工艺参数既要确保可完成材料设计的组成和结构梯度变化，又要提高材料整体的紧密性，避免缺陷存在，是获得高质量成形体的关键因素，因此受到国内外广大研究者的关注。

8.1 工艺参数设计

激光工艺参数的选择主要从以下几个角度考虑：工艺参数与熔覆涂层质量之间的关系；工艺参数与材料组织性能之间的关系；工艺参数与熔池温度控制之间的关系。激光熔覆是一个复杂的工艺过程，其工艺参数较多，如激光功率密度、扫描速度、光斑直径等。其中，起重要作用的工艺参数为熔覆工艺中的比能量 E 及功率密度 ρ[1]。其中，$E=P/(v \cdot D)$，P 为激光熔覆功率，v 为激光扫描速度，D 为激光光斑直径，表示单位激光辐照面积上能量的大小；$\rho=4P/(\pi D^2)$。

在激光熔覆过程中，激光扫描速度对激光熔覆层的质量有很大的影响，当激光输出功率和光斑直径一定时，扫描速度的大小在一定程度上代表光束能量效应，最直接的影响参数是激光与材料的作用时间。扫描速度越大，交互作用的时间越短，注入材料的能量也就越少，熔覆层深度减小，当其增大到一定值时，熔化的深度低于熔覆层的厚度，此时，涂层与基体之间不能实现冶金结合，结合强度相当低，不能满足实际的应用要求。相反，扫描速度过小，交互作用时间变长，注入材料的能量过多，会造成汽化和氧化，而且成形速度减小，稀释率过大，影响基体材料的组织变化。在其他参数一定时，激光功率越小，熔覆层的晶粒越细小，组织主要为树枝晶或胞状树枝晶组织；激光功率越大，熔覆层的晶粒越粗大，组织主要为沿晶界呈网状分布的第二相。因此，在满足成形所需的激光功率条件下，激光功率应尽量取小值，以获得组织细密、性能优异的涂覆层。

综上所述，各工艺参数共同影响着熔池的温度场，从而影响熔覆涂层的凝固组织及性能。因此，控制熔池的温度是激光熔覆过程中的关键问题。熔池温度场的计算非常复杂，可做简化处理，假设光斑为圆形均匀分布，那么入射到基体表面上单位面积的功率，即功率密度 F' 可表示为：

$$F' = (4P)/(\pi D^2) \tag{8-1a}$$

而被基体表面熔覆层吸收的激光功率密度由于各种损耗应小于式(8-1a) 所示功率密度，即被表面所吸收的功率密度可表示为：

$$F = [(4P)/(\pi D^2)](1-\gamma) \tag{8-1b}$$

式中，γ 为总损耗，因表面熔覆的合金粉末涂层对激光的吸收有限，故总损耗取 $\gamma = 0.5$。光束与基体作用时间 t 可表示为：

$$t = D/V \tag{8-1c}$$

由热传导方程可推出激光表面处理区的中心温度可用下式进行计算：

$$T = (2F/K)\sqrt{Rt} \tag{8-1d}$$

式中，K 为热导率；R 为热扩散系数；混合粉末的热导率和热扩散系数采用调和平均法计算得到。计算公式如下：

$$\frac{1}{m} = \frac{f_1}{m_1} + \frac{f_2}{m_2} \tag{8-1e}$$

式中，m 为混合粉末的参数（热导率、热扩散系数）；m_1 和 m_2 分别为两种物质的参数；f_1 和 f_2 为两种物质的质量分数。

结合二元合金相图与自由能计算结果，要使预设的原位反应全部实现，熔池的温度应该控制在2500K。当温度一定时，我们确定光斑直径就可以计算出当熔池要达到需要的温度时，要求的功率及扫描速度的一组参数。由式(8-1d) 可得：

$$F^2 = \frac{T^2 K^2 V}{4RD} \tag{8-1f}$$

当温度和光斑直径以及熔覆层粉末成分一定时，我们可以设：

$$a = \frac{T^2 K^2}{4RD}(a \text{ 为定值}) \tag{8-1g}$$

这样可以得到功率及扫描速度的一组参数：

$$\frac{P}{\sqrt{V}} = b(b \text{ 为定值}) \tag{8-1h}$$

$$b = \frac{TK\pi D^2}{8\sqrt{RD}(1-\gamma)} \tag{8-1i}$$

$$P = \frac{E_{脉冲}}{M} \tag{8-1j}$$

由于激光熔覆是极其复杂的物理冶金过程，人们还没有达到深刻揭示激光熔覆本质的程度，没有建立完整、系统的量化理论来指导工艺的实施和熔覆层质量的预测和评估。

8.2　工艺参数对单道单层质量的影响

合金粉末激光直接制备技术是通过线、面、体的叠加而成型，单道单层是制备三维成型件的基础，其好坏直接影响到成型件质量的优劣，因此对单道单层工艺参数组合的优化有十分重要的意义。

图 8-1 为单道单层激光熔覆试样横截面典型几何形状示意图。可见，激光熔覆层在微观上分为三个区域：熔覆区（CL：cladding layer）、熔合区（BZ：bonding zone）和基体热影响区（HAZ：heat-affected zone）。反映横截面的尺寸特征参数主要有：熔覆层高度 H、熔覆层宽度 W、熔覆层深度 h 和浸润角 θ。

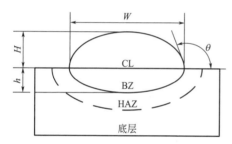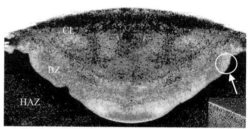

图 8-1　单道单层激光熔覆试样横截面典型几何形状示意图

用稀释率这个概念可以定量描述涂层成分由于熔化的材料混入而引起合金成分的变化程度。稀释率 η 可通过测量熔覆层截面积的几何方法实际计算，表达如式（8-2）所示[2]。

$$\eta = \frac{A_2}{A_1 + A_2} \times 100\%$$ (8-2)

式中，A_1 为熔覆区截面积；A_2 为熔合区截面积。由于熔覆层高度与基体的熔深存在对应关系，因此，稀释率的分析模型可简化为：

$$\eta = \frac{h}{h + H} \times 100\%$$ (8-3)

利用几何原理还可推出 θ 与 H 和 W 的函数关系如式（8-4）所示，可定量计算浸润角 θ 值：

$$\sin\theta = (H/W)/[(H/W)^2 + 1/4]$$ (8-4)

令 $\xi = H/W$，因此，工艺参数对截面形状和尺寸特点的影响可以采用 W、H、ξ 和 η 四个形状参数随工艺参数的变化规律来描述。

8.3 工艺参数对单道多层质量的影响

单道多层工艺是制备薄壁结构的基础，Z 轴增量 ΔZ 的选取，是实现薄壁结构高度方向上均匀连续增长的关键。图 8-2 为不同层数 FGL 表面及形貌图，图 8-3 为不同 ΔZ 对 10 层 FGL 各梯度层成型高度的影响规律。可见，第一层高度均在 0.38mm 左右，表现出一定的稳定性，随后各层均随 ΔZ 的不同而出现差别。ΔZ＝0.3mm 时各梯度层高度值较均匀，且总体成型高度较好。ΔZ＝0.2mm 时除第一层外其他各层高度呈减小趋势，ΔZ＝0.4mm、0.5mm 和0.6mm 时各层高度值大小不均匀，且波动幅度较大。

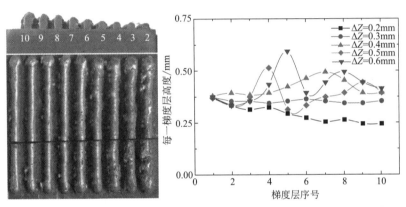

图 8-2 不同层数 FGL 表面及截面形貌　图 8-3 不同 ΔZ 对 10 层 FGL 各梯度层成型高度的影响

8.4 工艺参数对多道单层质量的影响

一个完整的功能件，是合金粉末在激光辐射作用下，由点到线、由线到面、由二维到三维逐层累积成形的，因此在确定单道熔覆的激光功率、扫描速度、送粉速度等成形参数的基础上要研究各道之间的搭接问题，用搭接系数 Ψ 来评定。搭接系数过小会导致相邻两道不能连接或者粘接不牢，各道之间不能连成平滑稳定的平面；搭接系数过大会导致成形效率急剧下降并会引起严重的表面不平度，影响后续成形过程，因此优化搭接系数使道与道之间的结合牢固性、表面平整度和生产效率三者达到最佳平衡是形成熔覆面的基础。

熔覆层截面几何形状是理论分析确定搭接系数 Ψ 的重要模型，衡量截面形状的参数包括截面宽度 W、截面高度 H 和截面边界曲线方程。影响扫描线截面形状的因素很多，主要包括激光斑直径、激光功率、粉末送给量、扫描速度以及粉末材料与基材的浸润性能等。理想的截面形状取决于合理的工艺参数组合，其边界应该是一条均匀光滑的曲线，可近似假设为圆的一段弧。圆半径 R 可由式(8-5) 获得。

$$R = \frac{W^2/4 + H^2}{2H} \tag{8-5}$$

图 8-4 是相邻两条熔覆层的截面形状及其搭接模型。两个相邻截面边界分别以圆和圆表示，面积 S_1 代表扫描线截面间的凹沟，面积 S_2 代表扫描线截面重叠部分，扫描间距 L 则是确定搭接系数的重要参数之一。当面积 S_1、S_2 相等时，重叠部分面积正好填补到凹沟面积上，此时烧结表面平整光滑，扫描线间距正好合适。

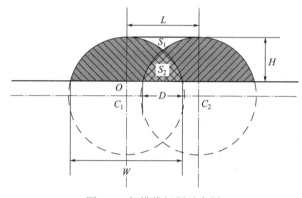

图 8-4 扫描线间距示意图

由图 8-4 中的几何关系可知，圆 C_1 的圆心坐标为 $(0，H\text{-}R)$，因此可得圆 C_1 方程，如式(8-6) 所示：

$$x^2 + [y - (H-R)^2] = R^2 \tag{8-6}$$

当 $y \geq 0$ 时，上式可简化为：

$$y = f(x) = \sqrt{R^2 - x^2} + (H - R) \tag{8-7}$$

因此可用面积积分法计算出面积 S_1、S_2 的值，公式如下：

$$S_1 = HL - 2\int_0^{L/2} (\sqrt{R^2 - x^2} + H - L)\,\mathrm{d}x$$

$$= RL - R^2 \arcsin\frac{L}{2R} - \frac{L}{2}\sqrt{R^2 - \left(\frac{L}{2}\right)^2} \tag{8-8}$$

$$S_2 = 2\int_{L/2}^{W/2} (\sqrt{R^2 - x^2} + H - L)\,\mathrm{d}x$$

$$= \left[R^2 \arcsin\frac{W}{2R} + \frac{W}{2}\sqrt{R^2 - \left(\frac{W}{2}\right)^2}\right] - \left[R^2 \arcsin\frac{L}{2R} + \frac{L}{2}\sqrt{R^2 - \left(\frac{L}{2}\right)^2}\right] + (H-R)(W-L) \tag{8-9}$$

搭接系数的计算公式可简化为：

$$\psi = (W-L)/W \times 100\% \qquad (8\text{-}10)$$

扫描间距优化的实质就是调整扫描间距 L 值，直至使 $S_1 = S_2$，此时 L 即是所寻求的最佳扫描间距。为此，将截面宽度 W 进行足够大的 n 等细分并且设置足够小的误差精度 ε，寻找 $L = (W/n) \cdot i$，$i \in [0, n]$，使 $|S_1 - S_2| \leqslant \varepsilon$。优化过程如图 8-5 所示。

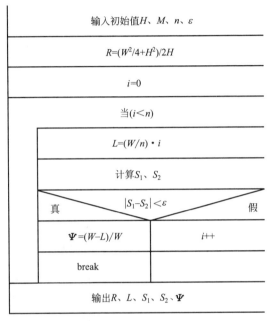

图 8-5　优化算法流程图

8.5　工艺参数对多道多层质量的影响

为了进一步确定连续成形条件下的稳定性，考察上下相邻层间交叉平行叠加和垂直叠加时对成形体宏观质量的不同影响，成形方式见图 8-6。

上下相邻层的垂直叠加方式，表面更加平整一些，这是由于当扫描方向垂直时，搭接处的缺陷可在下一层熔覆时得到弥补而不会遗传；而扫描方向平行时，搭接处的缺陷会遗传给下一层，缺陷不断累积，最终表面变得不够平整，质量稍差。因此，在制备块体时，应尽量选择垂直的叠加方式。

8.6　FGL 的制备

FGL 的制备和 N-FGL 的制备不同之处在于 FGL 的基体材料和熔覆合金材

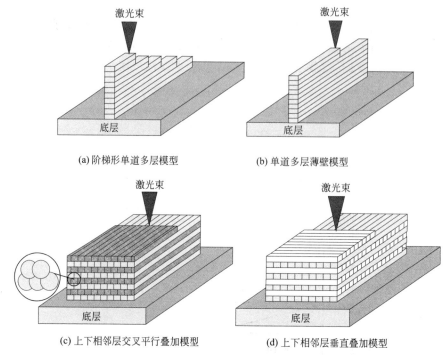

(a) 阶梯形单道多层模型

(b) 单道多层薄壁模型

(c) 上下相邻层交叉平行叠加模型

(d) 上下相邻层垂直叠加模型

图 8-6　激光直接成形示意图

料是连续梯度变化的。任意相邻两层可以看作确定的基体和熔覆合金材料，因此其满足激光熔覆的相关规律。通过上述对激光工艺参数影响规律的分析，可以看出激光电流、扫描速度、送粉率等参数对激光熔覆成型的影响，实质上是单位面积激光辐射能量对材料成型的影响，常用比能 E 作为综合评判参数，即熔覆时输入的比能应该随基体材料和成形材料的变化而改变。比能是指激光熔覆过程中单位辐射面积上的激光能量，如式（8-11）所示：

$$E = \frac{P}{v \cdot b} \tag{8-11}$$

式中，E 为比能；P 为激光功率；v 为扫描速度；b 为垂直于扫描方向的光斑宽度。

在不考虑其他热损失的条件下，实现激光熔覆的 E 为熔化合金粉末所需的比能 E_1 和加热基体至熔化所需的比能 E_2 之和，即：

$$E = E_1 + E_2 \tag{8-12}$$

E_1 由送粉率和粉末材料的性质决定，如式（8-13）所示：

$$E_1 = \frac{M \cdot d}{A_1} \tag{8-13}$$

式中，M 为加热单位体积合金粉末由室温至熔化所需的能量；A_1 为粉末材料的激光吸收系数；d 为熔覆层厚度。其中 M 可由式（8-14）计算：

$$M = C_1 \rho_1 (T_{m_1} - T_0) \tag{8-14}$$

式中，C_1 为合金粉末比热容；ρ_1 为合金粉末密度；T_{m_1} 为合金粉末熔点；T_0 为室温；C_1 和 ρ_1 可由 Voight 线性混合模型计算得到。

加热基体至熔化所需比能，可根据带状移动热源加热理论[3]，由式（8-15）确定：

$$E_2 = \frac{T_{m_2}}{A_2} \sqrt{\frac{\pi K_2 \rho_2 C_2 l}{8V}} \tag{8-15}$$

式中，C_2 为基体材料的比热；T_{m_2} 为基体材料的熔点；A_2 为基体材料对激光的吸收系数；K_2 为基体材料的热导率；ρ_2 为基体材料的密度；l 为光斑作用基体的长度。

由结构设计可知，各梯度层的 Ti 含量逐渐减少，Mo 和 Cr_3C_2 含量逐渐增多，因此 E_1 和 E_2 将逐渐增大，输入的 E 应该逐渐增大。通过增加激光功率，降低扫描速度和减小光斑大小都可实现 E 的增大。光斑大小是根据粉末流汇聚点的大小确定的，因此不宜通过减小光斑大小来实现 E 的增大。降低扫描速度会造成有效送粉率增加，如不改变其他参数就无法保证各层厚度的一致，因此也不宜通过减小扫描速度来增大 E。通过增大激光功率实现 E 的增大是可行的，因为根据材料的 E 需求，调整激光功率不会影响其他工艺参数。

参考文献

［1］　陈庆华．激光与材料相互作用及热场模拟［M］．云南：云南科技出版社，2001，41-48.

［2］　张建华，赵剑峰，田宗军，等．镍基合金粉末的选择性激光烧结试验研究．中国机械工程，2004，15(5)：431-434.

［3］　闫毓禾，钟敏霖．高功率激光加工及其应用［M］．天津：天津科学技术出版社，1994：133.

第 **9** 章

FGL组织和相结构

借助有限元优化设计的 FGL 结构、组成、亚结构和空隙的形态与结合形式等微观要素梯度分布，消除传统复合材料宏观界面，各种功能从表面向内部逐层过渡呈连续性梯度变化，缓和热应力。而用优化的激光工艺参数组合直接制备的 FGL 是否能够实现原始设计的组成和成分分布，是否能够满足原始设计的使用性能要求，是制备技术成功与否的关键和研究的核心。材料的性能主要取决于材料的成分和微观结构形态。因此，观察 FGL 的微观组织、探讨组织与性能的关系具有十分重要的意义。

9.1 微观组织

9.1.1 FGL 单道单层截面形貌

激光直接制备成形工艺中金属粉末熔体的凝固可以看成一个定向动态凝固过程，凝固相的生长形态主要有平面状、胞状和树枝状。快速熔凝组织的结晶形态（平面晶、胞状晶和枝晶）以及枝晶生长方向的不同主要受熔池内液相成分、形状控制因子（G/R）和冷却速度 dT/dt 等参数的影响[1]。形状控制因子（G/R）是结晶方向上的温度梯度 G 与凝固速度 R（固液界面在法线方向上的推进速度）的比值，在成分相对稳定的情况下，主要控制凝固的显微组织特征，冷却速度 dT/dt 则决定显微组织的尺寸。根据 Hoadley 等[2] 提出的模型，凝固区凝固速度 R 与激光扫描速度 v 之间存在如下关系：

$$R = v \cdot \cos\theta \tag{9-1}$$

其中定义 R 与 v 之间的夹角 θ 为"凝固方向角"，它沿凝固区深度方向上的变化决定了凝固速度。在熔池底部 $\theta \to 90°$，故凝固速度 $R \to 0$。在靠近熔池表面区域，$\theta \to 0$，凝固速度最大。

激光扫描速度 v 一定时，从熔池底部到顶部，温度梯度 G 由最大值逐渐减小，而同一截面上的晶体生长速度从最小逐渐增大，故在熔池与基体的结合部 G/R 趋近于 ∞，根据成分过冷理论[1]，此时固液界面的生长以低速平界面方式进行，最终在结合带与基体界面处形成致密、低稀释率、较窄、无微观偏析的组织，即"白亮带"，如图 9-1a 所示。它是由于熔覆合金与基体金属在激光作用下交互扩散、无晶核而外延形成的固溶结合层，表明熔覆层与基体实现良好的冶金结合。

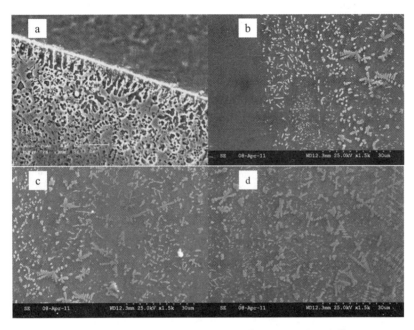

图 9-1　FGL 单道单层试样横截面典型 SEM 微观形貌

随着距熔池底部距离的增加，G/R 值减小，平界面失稳，从平界面上产生许多凸起，伸入成分过冷区内，出现胞状晶区。随着 G/R 值迅速减小，液-固界面在宏观上已不是平面，而是形成了许多与传热方向相反的结晶轴，向液体内生长，很快出现树枝晶组织，受很大的温度梯度 G 影响，树枝晶沿逆热流方向外延生长，而此处生长速度 R 仍较小，因此枝晶较粗大，如图 9-1b 所示。随结晶过程向熔覆区内部推进，固液界面前沿温度梯度减小，凝固速度增大，G/R 进一步减小，由于晶体向散热方向的生长速度大于其他方向的生长速度，所以垂直于界面的晶粒生长速度最快，择优长大，在结晶轴与界面斜交处的晶粒长大到一定程度后，就会遇到相邻晶粒，不能继续长大，因而只有晶轴垂直于界面的晶粒能够继续定向地向液态金属一侧长大，最终获得定向凝固的枝晶组织，胞晶全部变为枝晶，且枝晶逐渐变细，因此熔覆层中部为较细小枝晶区，如图 9-1c 所示。到了熔覆区上部，固液界面前沿温度梯度更小，而凝固速度进一步增大，G/R 很小，且受到激光束的冲击搅拌作用，部分高熔点杂质上浮成为异质形核核心，从而形成了以颗粒、枝晶和少量等轴晶为主的组织结构，如图 9-1d 所示。

另外，熔覆层中的晶体生长主要受热流方向的控制，一般来说，垂直于熔池边界方向的温度梯度最大、晶粒的散热条件越好、生长越有利，但晶体生长还受结晶各向异性的影响。这两种因素在不同冷却速度下的综合影响会导致不同的晶体形态，从而形成不同的凝固组织。由激光熔池对流传质理论[3]可知，熔覆层熔池中微区成分不均匀难以避免，这会造成熔覆层中晶体生长形态的多样性和凝固组织的多样性。

9.1.2 FGL 微观组织

图 9-2 和图 9-3 分别为 FGL 试样横截面 SEM 微观形貌和沿梯度层成型方向

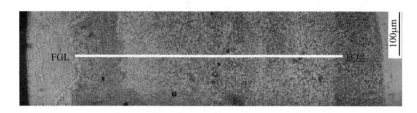

图 9-2　FGL 试样横截面 SEM 微观形貌

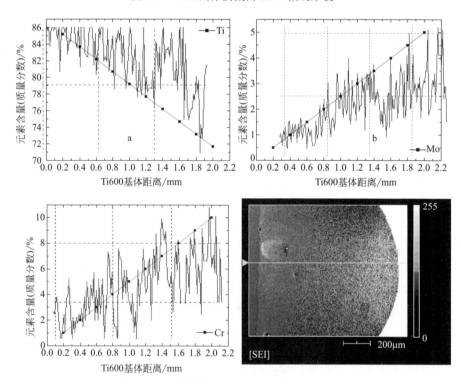

图 9-3　FGL 沿梯度层成型方向 SEM EDAX 图

SEM EDAX 图，图 9-4 为第 4、8 梯度层中 Cr、Mo 元素面分布。可见，各梯度层之间实现良好的冶金结合，各界面结合紧密，组织细密，过渡缓和自然，无层间组织分布的突变，消除了各梯度层之间的宏观结合界面，呈现了微观上的连续过渡，克服了由于界面存在导致材料性能的突变，使 FGL 的性能连续变化，同时保证了 FGL 不同侧的不同功能。这充分体现了梯度结构设计的思想，也证明制备工艺的可行性。每一梯度层中元素成分与原始合金粉末设定一致，且含量也几乎等同。Ti、Mo 和 Cr 等主要合金元素连续梯度变化，没有阶梯式的层间突变，既体现了制备时不断改变材料的成分和相应工艺实现了成分的梯度分布，说明按设计的成分进行熔覆成形 FGL 是可行的，又凸显出激光直接制备技术的优越性，即梯度层界面处存在稀释过渡的结合区，这也是能够充分实现原始设计的优势和有力的保障。

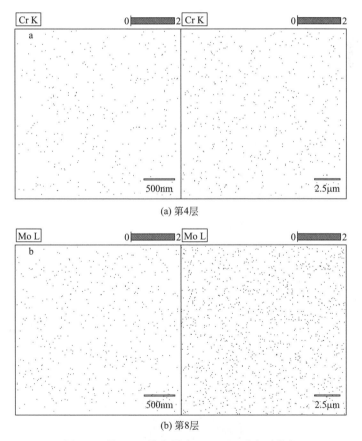

(a) 第4层

(b) 第8层

图 9-4　第 4、8 梯度层中 Cr、Mo 元素面分布

设计组分相对含量的梯度变化带来微观组织形态的改变。图 9-5 为第 3～10 梯度层试样 SEM 微观形貌。可见，宏观区域上增强体均匀地分布在 FGL 上，

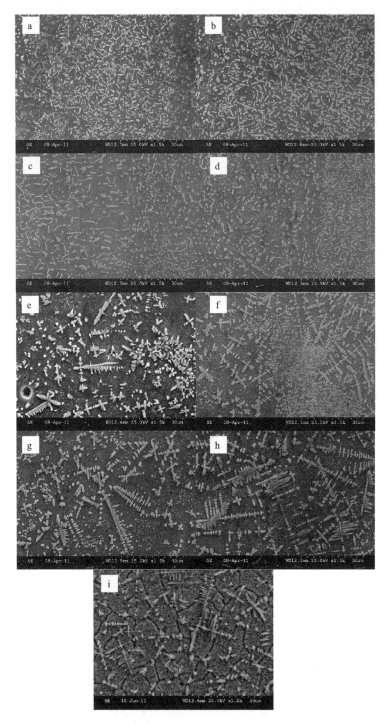

图 9-5　FGL 第 3～10 梯度层试样 SEM 微观形貌

主要呈三种不同的形态：粗大的树枝晶或不完整的树枝晶形状，相对较为细小的等轴或近似等轴状的增强体和细小短纤维状增强体。而且随梯度层中原始 Cr_3C_2 陶瓷含量增加，树枝晶的数量和大小均呈上升趋势，体现了 FGL 宏观上的不均匀性和微观组织中相组成分布形态随位置的改变，而这也正是保证 FGL 发挥其独特优越性的关键。

9.1.3　凝固过程和晶体结构对增强体 TiC 生长形态的影响

原位合成增强体 TiC 的形态、大小、分布对材料性能有很大的影响，一系列文献对其进行了较为深入的研究。Lin Y 等[4]对普通铸造法原位合成 TiC/Ti 基复合材料进行了初步研究并认为原位合成增强体 TiC 的生长形态与凝固过程密切相关，冷却速度控制原位合成 TiC 的尺寸、分布和化学量。快速冷却导致形成更少的枝晶间距，降低 TiC 的化学配比。快速冷却产生的细小树枝晶有利于改善制备材料的性能，枝晶间距与平均冷却速度成幂函数关系：

$$SDAS = b(GR)^{-n} \tag{9-2}$$

式中，GR 是凝固冷却速度；n 和 b 为常数，分别为 0.256 和 1.21×10^{-3}。

X. C. Tong 等[5]对原位合成 TiC 增强的铝基复合材料凝固过程做了详细的分析后认为，原位合成 TiC 的生长机理有两个方面：①扩散机制；②溶解-形核与长大机制。生长机理主要由温度决定，对其进行热力学和动力学分析，认为当温度低于 1554K 时，TiC 生长机理主要为扩散机制；当温度高于 1554K 时，长大机理以溶解-形核与长大机制为主。

这对于较低温度制备 TiC/Al 基材料适用，但对于较高温度是不适用的。按照 Ti-C 二元相图，温度高于 2300K 时，在制备 TiC/Ti 基材料时，TiC 增强体完全溶于液钛，因此凝固过程中，TiC 是以形核-长大的方式从钛溶液中析出而长大。即随着温度的升高，Ti 与 C 发生合成反应，生成增强体 TiC，但随着温度的继续升高，超过液相线温度时，TiC 完全溶于液态钛中。当温度降低时，TiC 从液态钛中析出并长大，形貌主要受凝固过程影响。

在凝固过程中，先发生 L $\longrightarrow$ TiC 反应，即析出初晶 TiC。初晶 TiC 的生长形貌不仅与凝固过程的热力学条件（相图）和动力学条件（凝固速度）有关，而且受增强体不同晶体结构的影响。如果增强体的晶体结构为对称结构，其界面能和原子结合能有高度各向同性，将导致增强体以各向同性的方式生长，形成树枝状增强体，其树枝晶的主轴方向为晶体结构的低指数面方向。反之，如果晶体结构为复杂晶体结构，其原子结合强度具有高度非对称性，增强体将以非对称方式生长，形成具有高度方向性增强体。TiC 为对称的 NaCl 型晶体结构（图 9-6），钛原子排列成面心立方的亚点阵，C 占据八面体间隙位置，TiC 晶体的生长基元为 $Ti-C_6$ 正八面体，单位晶胞无论在几何结构还是在化学键合上均为完全对称，导致 TiC 形核时，在对称晶面的生长速度都相同，因此易形成中心对称的结构，

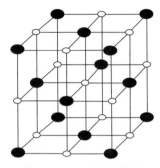

图 9-6　TiC 的晶体结构

即等轴的球形粒子，且长成球形时其表面能最低，最易形核。这与文献所说的原位合成 TiC 粒子长成球形结果吻合。但由于激光辐射时间较短，存在温度过冷，二元相图中 L＋TiC 液相线非常陡，易形成成分过冷，长成树枝晶形态，在微观结构上表现为粗大的树枝晶初晶。继续降温时，L ⟶ β-Ti＋TiC 二元共晶线，析出 β-Ti 和 TiC 二元共晶，TiC 以等轴或近似等轴颗粒存在。由于到达固相区，温度较低，形核率较高，Ti 与 C 相互扩散速度小，故二元共晶反应析出的 TiC 增强体较初晶细小。生长机理如图 9-7 所示。

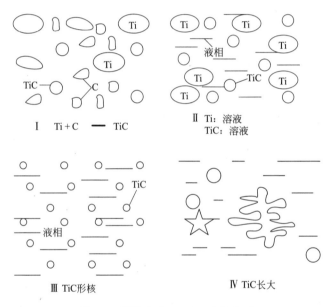

I　Ti＋C —— TiC

II　Ti：溶液
　　TiC：溶液

III　TiC 形核

IV　TiC 长大

图 9-7　原位合成 TiC/Ti 生长机理

9.2　生成相

对 FGL 表面进行 X 射线检测，对第 8 梯度层试样进行 TiC 背散射和能谱分析，如图 9-8 和表 9-1 所示。可见，黑色球状颗粒原子比值（at.％）为 C∶Ti＝40.18∶57.36，接近 1∶1，并结合 TiC 的吉布斯自由能 $\Delta G < 0$，TiC 的生成为自发进行，可知原位自反应生成了 TiC 增强相，以球状形态弥散分布均匀，且结晶度较高，晶体的完整性和界面结合较好。

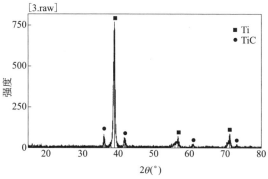
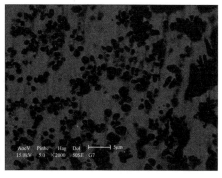

图 9-8　FGL 表面 XRD 检测和背散射电子相

表 9-1　黑色球状颗粒能谱分析

元素种类	C	Ti	Al	Sn	Cr	Si
at. %	40.18	57.36	0.40	1.20	0.55	0.31

表 9-2 列出了 FGL 的 Ti 和 TiC 三强峰的标准晶面间距 d 及根据布拉格方程 $n\lambda = 2d\sin\theta$（式中 θ，入射束与反射面夹角；λ，X 射线波长；n，衍射级数，即只有照射到相邻两晶面的光程差是 X 射线波长的 n 倍时才产生衍射。）计算得到的 FGL 表面即 FGL10 的 Ti 和 TiC 三强峰晶面间距 d。可见，得到的 TiC 三强峰间距与标准的三强峰间距是一致的，说明梯度层中 TiC 相结构并未改变，仍为面心立方结构。而 Ti 的三强峰间距与标准的 β-Ti 三强峰间距是一致的，这说明梯度层中的 Ti 相结构发生转变，由接近理想状态的密排六方结构转变为体心立方结构。

表 9-2　FGL 中 Ti 和 TiC 的晶面间距

		晶面（hkl）		
Ti 三强峰晶面间距 $d(10^{-10}\,\mathrm{m})$	试样	（110）	（200）	（211）
	标准	2.321	1.642	1.345
	FGL10	2.297	1.616	1.32
TiC 三强峰晶面间距 $d(10^{-10}\,\mathrm{m})$	试样	（111）	（200）	（220）
	标准	2.499	2.1637	1.5302
	FGL10	2.477	2.1472	1.5142

表 9-3 分别列出了根据表 9-2 的晶面间距计算得到的 FGL 中 Ti 和 TiC 的点阵常数。可以清晰地看出 Ti 和 TiC 的点阵常数的平均值均低于标准值。这是由于激光辐射的快速凝固过程中，冷却速度较大，过饱和固溶度增大，非均匀形核

显著，固/液界面移动速度大于溶质扩散速度，使得部分溶质被向前推进的固相所淹没（捕获），导致晶格轻微收缩，点阵常数减小。而且对 Ti 而言，密排六方结构中基面的晶面间距略大于体心立方结构中相应 $\{1\,1\,0\}$ 面的晶面间距，所以结构转变会使晶格产生轻微畸变，宏观上体积轻微减小。

表 9-3　FGL 中 Ti 和 TiC 的点阵常数

试样		晶面(hkl)	点阵常数 a_0(Å)	a_0 的平均值(Å)
Ti	标准	(1 1 0)		
		(2 0 0)	3.283	3.283
		(2 1 1)		
	FGL	(1 1 0)	3.248	
		(2 0 0)	3.232	3.258
		(2 1 1)	3.295	
TiC	标准	(1 1 1)		
		(2 0 0)	4.317	4.317
		(2 2 0)		
	FGL	(1 1 1)	4.29	
		(2 0 0)	4.294	4.289
		(2 2 0)	4.283	

注：1Å$=10^{-8}$cm；立方点阵：$d=\dfrac{a}{\sqrt{h^2+k^2+l^2}}$。

参考文献

[1] 冯莉萍，黄卫东，林鑫，等．FGH95 合金激光成形定向凝固显微组织与性能［J］．中国有色金属学报，2003，(13)：181-187.

[2] Hoadley A F A, Rappaz M. A thermal model of laser cladding by powder injeotion［J］. Metall Trans. B, 1992, 23B(10): 631-642.

[3] 周尧和，胡壮麟，介万奇．凝固技术［M］．北京：机械工业出版社，1998.

[4] Lin Y. Zee R H. In situ formation of three-dimensional TiC reinforcements in Ti-TiC composites ［J］. Metall Mater Trans, 1991: 22A(4): 859-865.

[5] Tong X C, Fang H S. Al-TiC composites in situ processed by ingot metallurgy and rapid solidification technology: Part I［J］. Microstructural evolution. Metall Mater Trans, 1998, 29A(3): 875-891.

第 **10** 章

FGL性能评价

材料的性能评价是判断其是否符合原始理论设定、是否满足使用要求和推广应用的保证，并将评价结果反馈到材料设计和材料制备数据库。磨损和腐蚀是钛合金结构材料三种主要破坏方式中的两种。为了评判制备的钛基FGL的耐磨、耐蚀性能以及在大温差服役环境下的热应力缓和特性，考察FGL的基本力学性能、摩擦磨损性能、抗氧化性能和抗高低温腐蚀性能，并采用激光局部加热法对FGL的抗热震、热疲劳性能进行评价，以期丰富和完善性能优化和成分设计数据库。

10.1 力学性能测试

试样截面用氧化镁研磨抛光，使表面粗糙度在 $0.1\mu m$ 以下后，在 HXD-1000A 型显微硬度计上进行测试，所用载荷 0.5kgf（1kgf＝9.80665N），加载时间 20s。在 FGL 相应梯度层及层间的位置，平行等距测试 5 点，取平均值。

沿 FGL 和 N-FGL 深度方向分别测量显微硬度值，测量点间隔 0.05mm，载荷为 500N，作用时间为 20s，得到硬度分布如图 10-1 所示。可见，由于快速凝固的微观结构和大量弥散梯度分布的 TiC 增强相，FGL 和 N-FGL 的显微硬度值均较高，且次表层的硬度最高，平均约为 1450HV，是 Ti600 基材（310HV）的 4.5～5 倍。随梯度层中 TiC 增强相含量的减少，FGL 显微硬度值连续梯度降低，当原始 Cr_3C_2 含量在 4%（质量分数）到 1%（质量分数）时，降低趋势逐渐变得平缓。到达基体界面附近时，硬度值急剧降低，热影响区硬度为 400HV。值得注意的是，在层与层之间的界面熔合区域硬度梯度会有所下降，这是因为这些区域存在二次重熔稀释和强烈对流机制引起组织杂乱无章，结构疏松。原始 Cr_3C_2 的含量为 2%（质量分数）和 1%（质量分数）时，TiC 体积分数的增加没有引起硬度的明显增加，分析认为是由于激光快速熔凝引起固溶度提高。另外，还由于 Ti 金属相和 TiC 陶瓷相的硬度相差很大，从显微组织观察可以发现当原始 Cr_3C_2 的含量小于 2%（质量分数）时，TiC 颗粒只占很小的基体空间，此时硬度主要取决于 Ti 金属相，所以变化缓和；原始 Cr_3C_2 的含量在 4%（质量分数）到 8%（质量分数）时，材料的硬度受到了 TiC 极大的影响，因而硬度出现了大幅度提高，曲线斜率发生明显变化。

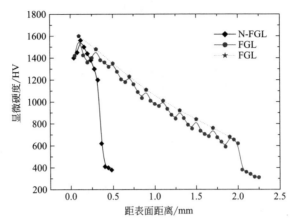

图 10-1　FGL 和 N-FGL 显微硬度分布规律

10.2　常温耐磨性能测试

　　将 FGL 试样及 Ti600 基材加工成直径 5mm、高 7mm 的圆柱体，用 MMW-1 型销盘式干滑动摩擦磨损试验机测试其在大气环境中室温下的摩擦磨损性能。每组试样 3 个，摩擦销为 FGL 试样，原始 Ti600 钛合金为标样，对磨环为 GCr15 硬质合金钢，表面粗糙度 Ra 均为 0.8。实验前试样均用超声波清洗两次，吹干待用。法向载荷 40N；相对滑动速度 0.6m/s；滑动行程为 500m。用精度为 0.1mg 的 FA2004B 型电子精密天平称量试样及标样的磨损失重量 Δm。

　　FGL、N-FGL 和 Ti600 基体在室温环境的干滑动摩擦磨损性能如图 10-2 所示，摩擦系数和磨损率如表 10-1 所示。可见，FGL 的耐磨性能较 Ti600 基体得到明显改善，摩擦系数和磨损率明显降低，平均是 Ti600 基体的 0.3～0.5 倍。

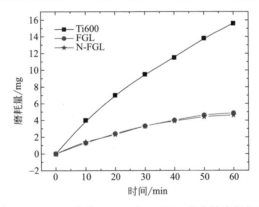

图 10-2　Ti600 基体、FGL 和 N-FGL 的摩擦磨损规律

表 10-1　Ti600 基体和 FGL 的磨损性能

项　　目	FGL	Ti600 基材
μ	0.25~0.3	0.45~0.5
磨损率 $\Delta m/\mathrm{mg}$	4.85	15.6
摩擦系数 $I/\mathrm{mg/m}$	2.69×10^{-3}	8.67×10^{-3}

10.2.1　强化机制

激光熔覆是一个快速受热和冷却的过程，其受热和冷却速度可高达 105～109℃/s，快速熔凝的微观结构和大量原位合成的弥散分布的硬质 TiC 陶瓷增强相使得 FGL 较基体得到明显的强化，所涉及的强化机制主要表现在以下两个方面：弥散强化和细晶强化。

（1）弥散强化

在摩擦磨损过程中，由于 FGL 中弥散分布着原位合成的 TiC 增强相，Ti 相和 TiC 相硬度的巨大差异，使磨损具有明显的选择性，首先受磨损的应是金属 Ti，当金属 Ti 磨损到一定程度时，TiC 颗粒呈微凸起状态，保护金属不会继续受到严重磨损，即所谓的"阴影效应"[1]。这些硬度极高的耐磨相（约 3000HV）构成磨损的主体，是有效保护 FGL 基体的硬质骨架，而且尺寸细小，颗粒表面无污染，与基体有较好的浸润性，界面结合强度高，避免了金属相与陶瓷相的强烈界面反应，降低了陶瓷颗粒剥落的概率。Ti 相填充在 TiC 颗粒的间隙中，起到了连接 TiC 和传递载荷的作用，形成软基体上弥散分布细小硬质点的弥散强化效果。

由于作为硬质点的 TiC 粒子在基体中是弥散分布的，对位错的滑移具有阻碍作用。当 FGL 和基体进行塑性变形时，随着滑移的进行，位错难以越过 TiC 颗粒而发生塞积，TiC 颗粒引起的位错塞积可产生较高的位错塞积能，从而形成较大的位错塞积应力场。这样，基体中位错的运动需要附加额外的能量，即强化了基体。另外，由于塑性变形属于两相不均匀变形，变形时首先在较软的 Ti 基体上进行，较硬的 TiC 颗粒不变形或变形很少。两相界面上形成的塑性变形不匹配，产生较高的形变应力，形成形变应力场，这种形变的不匹配也会使基体强化。

（2）细晶强化和固熔强化

FGL 的细晶强化有 3 个来源：钛合金基体马氏体相变导致的细晶强化，快速熔凝得到的细小 TiC 晶粒强化以及 TiC 颗粒阻碍晶界的迁移使基体的晶粒细化。

钛合金基体热影响区的组织为细小均匀的马氏体组织，这说明在冷却过程中钛合金基体发生了马氏体转变。虽然钛合金中马氏体组织的强度与钛合金的退火组织相比相差不大，但由于在激光熔覆过程中所获得的马氏体组织非常细小，使其强度明显增高。激光熔覆的快速熔凝，使得表面熔化层和基体之间存在着极大的温度梯度，从而为 TiC 的析出提供了极大的过冷度，有利于得到细小的 TiC 晶粒，产生细晶强化效应。另外，TiC 颗粒可以阻碍晶界的迁移，使基体的晶粒细化，也会产生细晶强化的效果。

此外，激光熔覆的快速冷却效应，使得合金元素在 FGL 各梯度层中的溶解度大大超过了平衡溶解度，形成扩展固溶体，造成显著的固熔强化作用，从而提高 FGL 的耐磨性能。

10.2.2　摩擦磨损机制

(1) 黏着磨损

图 10-3 为对磨盘 GCr15 的原始表面形貌，图 10-4、图 10-5 分别为与 Ti600 基体及 FGL 对磨盘磨损表面形貌。可见，GCr15 表面均存在材料"黏附转移"现象，这是由于摩擦过程中，表层的污染膜、氧化膜发生破裂，新鲜金属表面裸露出来，而且摩擦产生的热量无法及时散出，导致对磨面间黏着焊合，在剪切应力的作用下发生"金属转移"现象[2]，这表明发生了黏着磨损，摩擦表面间的黏着作用取决于接触表面的状态。不同摩擦面之间材料黏附转移量存在差别，与基材对磨的合金盘上的转移量较多，与 FGL 对磨的合金盘上的转移量较少，这从宏观上证明 FGL 的耐磨性能较基材得到提高。

图 10-3　对磨盘 GCr15 的
原始表面 SEM 形貌

图 10-4　Ti600 基体对磨盘
磨损表面 SEM 形貌

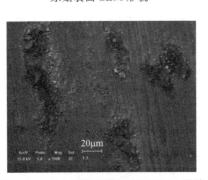

图 10-5　FGL 对磨盘磨损表面 SEM 形貌

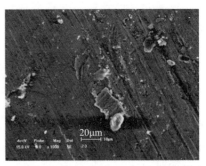

图 10-6　Ti600 基体磨损表面 SEM 形貌

（2）磨粒磨损、犁削磨损

图 10-6、图 10-7 分别为载荷为 40N，滑动速度为 0.6m/s，滑动行程为 1800m 的条件下，Ti600 基体和 FGL 在大气环境中的磨损表面形貌。可见，磨损表面均呈现犁沟特征，基材磨损表面分布着平行、连续且深的犁沟，局部可见黏着现象，而 FGL 磨损表面分布着平行、不连续且浅的犁沟，黏着现象基本不可见，这表明发生了磨粒磨损和犁削磨损，且 FGL 的耐磨损性能比基材有所提高。

 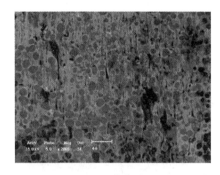

图 10-7　FGL 磨损表面 SEM 形貌　　　图 10-8　FGL 润滑磨损表面 SEM 形貌

图 10-8、图 10-9 为 FGL 及对磨盘以 MoS_2 润滑磨损表面 SEM 形貌。图 10-10 为 FGL 润滑磨损表面球状颗粒的能谱图片，表 10-2 为能谱分析结果（原子分数）。可见，对磨盘磨损表面分布着细小的划痕和较多磨屑颗粒，FGL 磨损表面呈现出大量球状硬质颗粒，且分布均匀，表明发生了磨粒磨损。能谱分析结果表明，球状颗粒的主要成分是 Ti 和 C，其余元素含量较少，且两元素的原子比接近 1∶1，认为是已脱落和即将脱落的 TiC 增强颗粒，这些摩擦过程中剥落的 TiC 硬质磨粒对对磨盘微观切削。

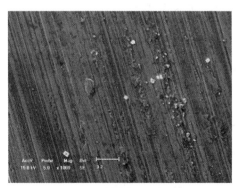 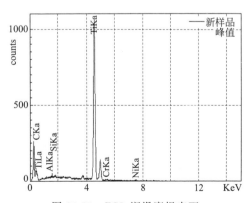

图 10-9　对磨盘润滑磨损　　　　图 10-10　FGL 润滑磨损表面
　表面 SEM 形貌　　　　　　　球状颗粒的能谱图片

表 10-2　FGL 润滑磨损表面球状颗粒的能谱分析结果

球状颗粒组织	C	Ti	Al	Ni	Cr	Si
at. %	40.18	57.36	0.40	1.20	0.55	0.31

10.3　常温腐蚀测试

采用美国 Princeton 公司 Model 273A 型电化学综合测试仪对腐蚀体系进行电化学动电位极化曲线测量，辅助电极为铂电极，参比电极为饱和甘汞电极，工作电极用环氧树脂＋7％乙二胺封样并固化 24h 以上，如图 10-11 所示，试样裸露面积 0.64cm²，用水砂纸打磨至 800 号，蒸馏水、丙酮清洗后干燥。测量极化曲线的参数：起始电位为相对于自然腐蚀电位－250mV，终止电位 3.0V，扫描速度为 0.5mV/s。

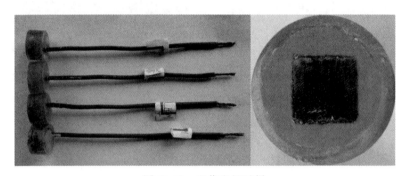

图 10-11　工作电极试样

10.3.1　EXCO 溶液全浸实验

根据 JB/T 7901—2001，Ti600 基体和 FGL 在室温静止 EXCO 溶液（NaCl 234g/L；KNO₃ 50g/L；浓 H_2SO_4 3mL/L；pH＝0.4）中浸泡 30d 后观察试样表面腐蚀 SEM 形貌，如图 10-12 所示。可见，在宏观上 Ti600 基体和 FGL 表面均呈浅灰色，有薄层腐蚀产物黏附在表面，经 40％ HNO_3 溶液酸洗后腐蚀产物脱落，表面显得更光亮。在微观上均呈现局部腐蚀的特性，表面呈腐蚀微坑形貌。

金属表面宏观和微观状态不均匀分布是腐蚀普遍存在的根本原因，即金属在电解质溶液中表面状态不均匀分布→表面自由能不同→表面电位分布不同和反应能力差异→阴极和阳极的形成→宏观和微观短路腐蚀原电池形成。这些相分布不均匀主要包括化学成分、金属组织、物理状态不均匀、不同种类金属、杂质、合金组分分布、应力、结晶缺陷等。液相分布不均匀主要包括反应物浓度、扩散能

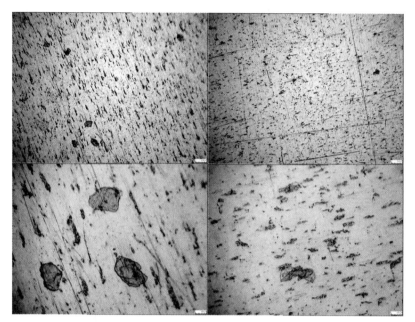

图 10-12 Ti600 基体和 FGL 在室温静止 EXCO 溶液中腐蚀表面形貌

力、温度、流速、缝隙和异相物质。

10.3.2 在海水溶液中的电化学行为

（1）极化曲线、塔菲尔区

图 10-13 为 Ti600 基体和 FGL 在海水溶液中的极化曲线，表 10-3 为极化曲线特征对比。可见，极化曲线均有活化、钝化、过钝化等过程。钝化电位低，FGL 在 $-0.415V$ 时钝化，Ti600 基体的钝化电位为 $-0.285V$，维钝电流密度小且相近，钝化范围宽，这是因为钛合金在海水中表面易生成 TiO_2 钝化膜，而

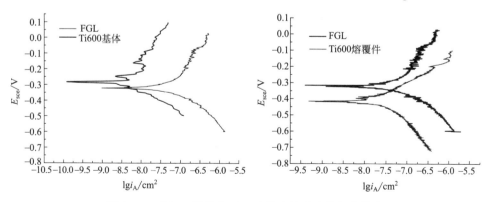

图 10-13 Ti600 基体和 FGL 在海水溶液中的极化曲线

TiO_2 钝化膜稳定，有较高的析氧过电位，将金属和介质分离，这样氧化膜在介质中不溶或溶解缓慢，阻碍了 Ti 合金的进一步溶解，从而使金属处于相对稳定的状态。

表 10-3　Ti600 基体和 FGL 在海水溶液中的极化曲线特征对比

项　　目	FGL	Ti600
	自腐蚀和二次腐蚀	自腐蚀和二次腐蚀
E_{corr}(V,SCE)	−0.081	−0.062
$E_{i=0}$(V,SCE)	−0.415	−0.285
E_b(V,SCE)	−0.197	−0.075
$E_b-E_{i=0}$(V)	−0.218	−0.241

自腐蚀电位为试样在待测溶液中放置 10h 以上获得的稳定电位，在极化曲线测定过程中由于阴极极化钝化膜被部分还原造成测量中实际自腐蚀电位下降，即实测的零电流电位。点蚀电位均以电流密度显著上升处为准，由于有两处此类情况，其中 FGL 基体−0.4V（SCE）处的转折由于离零电流电位较近且计算得到的极化阻力远大于−0.197V（SCE）处的，Ti600 基体在−0.3V（SCE）处的转折由于离零电流电位较近且计算得到的极化阻力远大于−0.075V（SCE）处的，因此认为均取后者为点蚀电位更合乎逻辑。

在腐蚀体系中一般存在氧化和还原两个（有时会是几个）共轭腐蚀反应，在氧化反应和还原反应的平衡电位都远离自腐蚀电位时，自腐蚀电位附近的极化曲线将存在塔菲尔区[3]。如果氧化反应有钝化情况且总反应造成的自腐蚀电位在此钝化电位区内时，自腐蚀电流将等于维钝电流，此时腐蚀过程由氧化反应控制；如果自腐蚀电位在氧化反应的活化电位区内，则在自腐蚀电位区附近的氧化反应极化曲线也有塔菲尔关系，此时腐蚀过程为混合控制。下面讨论在后一种情况下的自腐蚀电流及电化学参数计算问题。

在计算自腐蚀电流密度的过程中经常会由于阳极极化区难以找到理想的塔菲尔区而不易直接求得，因此本书中的自腐蚀电流密度将主要利用阴极极化区（数据不充分时，个别体系也会利用阳极弱极化区数据）求解 a_K、b_K、a_A、b_A、n 等数据。

在强极化区，极化电流和过电位存在塔菲尔关系：

$$\eta_C = a_C + b_C lg i_C \tag{10-1}$$

$$\eta_A = a_A + b_A lg i_A \tag{10-2}$$

其中，$a_C = -2.3RT lg i_{corr}/\alpha_1 nF$；$b_C = 2.3RT/\alpha_1 nF$；$a_A = -2.3RT lg i_{corr}/\beta_2 nF$；$b_A = 2.3RT/\beta_2 nF$；$\alpha_1$、$\beta_2$ 为还原反应的阴极反应传递系数和氧化反应的阳极反应传递系数。由系数关系易知：

$$lg i_{corr} = -a_C/b_C = -a_A/b_A \tag{10-3}$$

　　因此原则上只要得到阴极区或阳极区塔菲尔直线的斜率和截距即可求得自腐蚀电流 i_{corr}。为了确定 a_A、b_A，可利用在阴极弱极化区的如下关系求得：外加阴极极化电流密度 i_C 为腐蚀过程中阴极还原速度 i_2 与金属阳极溶解速度 i_1 之差，即 $i_C=i_2-i_1$，所以 $i_1=i_2-i_C$，外推阴极塔菲尔区的直线到阴极弱极化区，将得到此区域内的 i_2 值，i_C 为实测数据，于是可得到对应过电位下的 i_1，此 i_1 可视为阳极塔菲尔区外推到阴极区的结果，可利用其对数与对应过电位作图得到 a_A、b_A，另外，可利用 a_A、b_A 再次计算 i_{corr}，以验证由 a_C、b_C 得到的 i_{corr} 的可靠性，如两者接近说明在阴极区所取的塔菲尔区基本合理，否则重新确定阴极塔菲尔区，重复以上过程。在实际的数据处理中，塔菲尔区一般取阴极过电位 $100\sim300$mV，弱极化区取 $0\sim50$mV。下面分别采用以上方法计算 Ti600 基体和 FGL 在海水溶液中的电化学参数。

　　Ti600 基体和 FGL 在海水溶液中极化曲线的阴极塔菲尔区和推算的阳极塔菲尔区外延段见图 10-14 和图 10-15，其数学分析结果见表 10-4 和表 10-5，电化学参数见表 10-6。可见，Ti600 基体和 FGL 耐蚀性均较好，自腐蚀电流均在 10^{-8} 范围，而且 Ti600 基体的自腐蚀电流平均是 FGL 的 7.1%，说明其耐腐蚀性能优于 FGL。

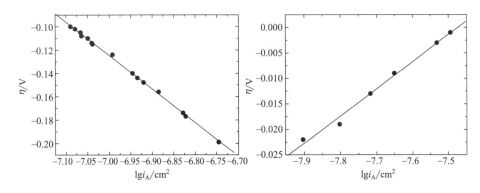

图 10-14　Ti600 基体在海水中极化曲线的阴极塔菲尔区（左）
和推算的阳极塔菲尔区外延段（右）

表 10-4　Ti600 基体数学分析结果

项目	A	B	R	SD	N
数值	-2.13881	-0.2877	0.99923	0.00127	15
误差	0.02176	0.00312			
阳极	A	B	R	SD	N
数值	0.40001	0.05352	0.99547	0.000898	6
误差	0.01963	0.00256			

注：$E=A+B\lg I_c$，R 是可信度，SD 是标准差，N 是样品号。

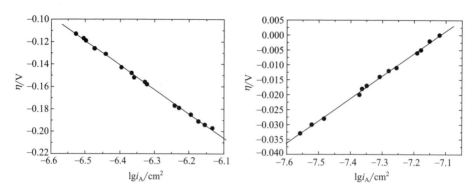

图 10-15　FGL 在海水中极化曲线的阴极塔菲尔区（左）
和推算的阳极塔菲尔区外延段（右）

表 10-5　FGL 数学分析结果

项目	A	B	R	SD	N
数值	-1.53304	-0.21751	0.9993	0.00113	16
误差	0.01379	0.00218			
阳极	A	B	R	SD	N
数值	0.53418	0.07506	0.99893	0.000515	13
误差	0.00769	0.00105			

注：$E=A+B\lg I_c$，R 是可信度，SD 是标准差，N 是样品号。

（2）等效电路、电化学阻抗谱

由电化学过程控制的界面过程等效电路如图 10-16 所示[4]，其中 C_s 为界面电容，R_f 为法拉第电阻，R_t 为传递电阻，R_l 为溶液电阻。在 R_f 很大的条件下，界面等效电路中将可忽略 R_f 的影响，此时阻抗谱的特征为：虚部与频率的双对数图呈一条直线，此时虚部为界面电容的信息，实部为传递电阻与溶液电阻之和，事实上有证据表明传递电阻在高频段存在极限，当参比电极与工作电极很接近时，溶液电阻很小，不妨将其归入传递电阻的高频极限一起处理。如果 R_f 与 C_s 产生的阻抗接近，阻抗虚部在低频区将发生弯曲，此时如果认为传递电阻

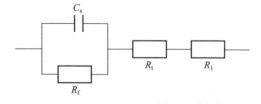

图 10-16　界面过程等效电路

相对于 R_f 与 C_s 的并联阻抗已经很小，则可忽略传递电阻和溶液电阻。等效电路为 R_f 与 C_s 的并联，设 R_f 产生的阻抗为 $R(f)$，C_s 产生的阻抗为 $C(f)$，则有：

阻抗实部为：

$$Z_R = R(f)C(f)^2/[C(f)^2 + R(f)^2] \qquad (10\text{-}4)$$

阻抗虚部为：

$$Z_1 = R(f)^2 C(f)/[C(f)^2 + R(f)^2] \qquad (10\text{-}5)$$

可以看到，$Z_R/Z_1 = C(f)/R(f)$，设 $K = R(f)/C(f)$，则 $Z_R = R(f)/(1+K^2)$，$Z_1 = C(f)/(1+K^{-2})$。

在阻抗数据中，以实部与溶液电阻的差除以虚部可直接得到 K 值，于是可以通过虚部得到电容阻抗 $C(f)$ 与频率的关系；通过实部得到 $R(f)$ 与频率的关系。

Ti600 基体和 FGL 在海水溶液中的电化学行为如图 10-17 和表 10-6 所示。可见，Ti600 基体电极的阻抗模值 $|Z|$ 整体较 FGL 高，腐蚀电阻值为 FGL 的 1.21 倍，说明耐蚀性能好于 FGL，和极化曲线中腐蚀电流为 FGL 的 7.1% 的结果吻合。

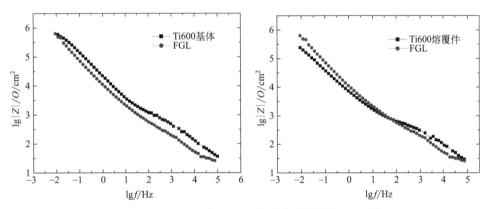

图 10-17　Ti600 基体和 FGL 在海水中的阻抗 Bode 图

表 10-6　Ti600 基体和 FGL 在海水溶液中的腐蚀电流和电阻值

项　目	$i_{corrc}/(A/cm^2)$	$i_{corra}/(A/cm^2)$	$R/(\Omega, 10^{12})$
Ti600 熔覆件	8.95×10^{-8}	7.64×10^{-8}	1.4
FGL	5.38×10^{-8}	5.16×10^{-8}	1.9
Ti600 基体	3.66×10^{-9}	3.98×10^{-9}	2.3

一般来说，FGL 中原位合成的 TiC 耐蚀性较高，且 Mo、Cr 含量增加，使得钝化能力增强，有利于钝化膜的自修复，从而可提高 FGL 的耐蚀性能。但从实验数据却得出，FGL 的耐蚀性能低于 Ti600 基体，这主要归因于激光制备的

工艺特点。受技术的局限性，大光斑激光制备无法实现，三维结构件的重建需要通过多道多层搭接来实现。在激光制备过程中，多道搭接是对成型件的重复淬火、回火处理，道与道、层与层之间的搭接重熔区域的存在，造成组织和成分的不均，且重熔区易有氧化杂质、气孔等缺陷存在，成为腐蚀源和腐蚀扩展的通道，加剧腐蚀向熔覆层内部扩展。

为了摒弃激光制备工艺对性能实验的影响，更加真实地比较 FGL 和 Ti600 的耐蚀性能，按照 Ti600 的元素质量配比，在 Ti600 基体表面制备出多道多层 Ti600 熔覆件，对其进行电化学实验，结果如图 10-13、图 10-17 和表 10-6 所示。可见，Ti600 熔覆件的自腐蚀电流平均是 FGL 的 1.64 倍，腐蚀电阻值为 FGL 的 73.7%，说明 FGL 的耐腐蚀性能得到改善。

（3）腐蚀机理

腐蚀反应自发性自由能判据[5]：$\Delta G = \sum_k \nu_k (\mu_k)_x < 0$；电位判据：$E > 0$，$\Delta G = -nEF$。根据热力学可知，生成金属氧化物 TiO_2、Al_2O_3 和 ZrO_2 的自由能分别为 $-95.59kJ$、$-144.92kJ$ 和 $-140.36kJ$。而 Cr、Sn 和 Mo 的氧化物生成自由能明显高于 Ti，Al 和 Zr 能在 Ti 之前先生成氧化物而组成含有这些氧化物的混合物膜。TiO_2 氧化膜组成的简单示意如表 10-7 所示。天然 TiO_2 是金红石结构，属于简单四方晶系，它是典型的 AB_2 型化合物结构，通常称具有这种结构的物质为金红石型，SnO_2、MnO_2 等都是金红石结构。TiO_2 的结构见图 10-18[6]，在 TiO_2 晶体中，Ti 的配位数为 6，O 为 3，阳离子和阴离子的半径比 $R^+/R^- = 0.486$，晶体中 Ti^{4+} 和 O^{2-} 相互接触，而 O^{2-} 之间互不接触。根据钝化膜理论（不包括过渡区），当材料表面形成初始钝化膜后，膜的继续生成和金属的溶解过程是通过完整的膜来实现的，那么这个过程主要受氧离子或金属离子的扩散速度控制，钛活化和钝化自溶解模型如图 10-19 所示，钛在活化区和活化钝化区被氧化成 Ti^{3+}，在钝化区被氧化成钝化膜（TiO_2）和四价 Ti^{4+}。当钛阳极溶解稳态进行时，膜必然具有不变的厚度，膜的溶解过程是一个纯粹的化学过程，其进行速度与电极电位无关。也就是说，钝态金属的溶解速度与电极电位无关，表现为维钝电流密度不随电位发生变化。所以当金属处于钝态时，离子通过氧化物区域的传输速度受电流限制。而钝化膜的吸附理论认为，钝化区的阳极溶解可发生下列反应：

表 10-7　氧化膜组成的简单示意

金属	氧化物钝化层	电解质
Ti	Ti^{n+}	Ti^{n+}（水合）
	O^{2-}, OH^-	H_2O
	e^-	

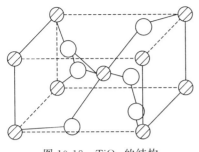

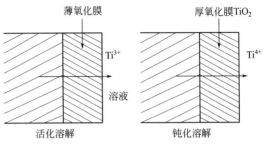

图 10-18　TiO_2 的结构　　图 10-19　钛活化和钝化自溶解模型

电化学生成或增厚氧化膜：

$$Ti+2H_2O \Longrightarrow TiO_2+4H^++4e^- \tag{10-6}$$

式(10-6)生成氧化膜的电流用于补偿膜的化学溶解：

$$TiO_2+2H^+ \Longrightarrow TiO^{2+}+H_2O \tag{10-7}$$

钛直接电化学溶解：

$$Ti+H_2O \Longrightarrow TiO^{2+}+2H^++4e^- \tag{10-8}$$

10.4　高温腐蚀性能测试

热腐蚀（hot corrosion）是金属材料在高温下工作时表面上的沉积盐在氧气和其他腐蚀气体共同作用下的加速腐蚀形式。不同的工业应用背景下，所发生的热腐蚀情况因熔盐的化学本质不同而存在显著差异。航空航天领域工作环境相当苛刻，随着钛合金在飞机和发动机上用量的增加，在飞机发动机叶片、压气机盘、压气机叶片服役环境中，由于燃料中含有杂质，如硫、钠等，在燃烧时形成 SO_2、SO_3 等气体与空气中的氧气、NaCl 等反应而加速腐蚀。在上述条件下燃烧时，在金属表面上可能发生下列反应：

$$2NaCl+SO_2+1/2O_2+H_2O \Longrightarrow Na_2SO_4+2HCl \tag{10-9}$$

$$2NaCl+SO_3+H_2O \Longrightarrow Na_2SO_4+2HCl \tag{10-10}$$

这说明材料主要遭受硫酸盐的腐蚀，而工作在沿海地区的飞机还应考虑氯化钠和硫酸钠混合盐的腐蚀。在 Na_2SO_4 熔点（884℃）以下产生的热腐蚀称为Ⅱ型热腐蚀，即低温热腐蚀，它的腐蚀性甚至比Ⅰ型高温热腐蚀还要严重。研究表明[7]，①热腐蚀速度比纯氧化高得多，加之热腐蚀易产生孔蚀，故其危害性更大；②当温度超多 1000℃时，由于 Na_2SO_4 挥发，其腐蚀作用减弱到微不足道的程度；③Al_2O_3 膜合金的耐蚀性低于 Cr_2O_3 膜合金。

10.4.1　高温腐蚀动力学

根据 JB/T 7901—2001，采用全浸法热腐蚀实验，腐蚀盐成分：Na_2SO_4

（75％，质量分数）＋NaCl（25％，质量分数），实验温度 800℃，腐蚀时间 40h，实验流程见图 10-20。试样经丙酮清洗后，在电热干燥箱中充分烘干，用电子天平称重，得腐蚀前试样的质量 M_o。放入熔融的 Na_2SO_4 和 NaCl 的混合熔盐中，每 3h 取出，用清水冲去盐液，在电热干燥箱中烘干 1h，称重，得到腐蚀后试样的质量 M_e。按式（10-11）计算试样单位面积的质量变化，并作出增重-时间曲线。

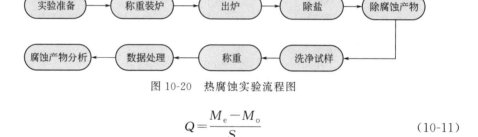

图 10-20　热腐蚀实验流程图

$$Q = \frac{M_e - M_o}{S_o} \qquad (10\text{-}11)$$

式中，Q 为单位面积腐蚀失重（mg/cm^2）；M_o 为腐蚀前试样的质量（mg）；M_e 为腐蚀后试样的质量（mg）；S_O 为腐蚀面积（cm^2）。

图 10-21 为 Ti600 基体和 FGL 的腐蚀动力学曲线。图中横坐标为时间 t(h)，纵坐标表示试样单位面积的失重 Q(mg/cm^2)。可见，FGL 的腐蚀动力学曲线明显低于 Ti600 基体，说明 FGL 的耐蚀性优于 Ti600 基体。而且，FGL 和 Ti600 基体的腐蚀动力学曲线均基本符合直线变化规律，满足：

$$y = K_L \cdot t \qquad (10\text{-}12)$$

式中，y 为试样增重；t 为实验时间；K_L 为腐蚀的线性（linear）速度常数，见表 10-8，曲线拟合的标准偏差在 10^{-4} 数量级，置信度均为 99.5％。

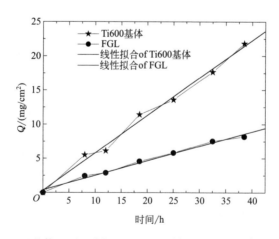

图 10-21　FGL 和 Ti600 基体 800℃下在 Na_2SO_4(75％)＋NaCl(25％) 中的腐蚀动力学曲线

表 10-8　FGL 和 Ti600 基体 800℃下在 Na$_2$SO$_4$（75%）＋NaCl（25%）中的 K_L 值

项　　目	K_L/[g/(cm^2·h)]
Ti600 基体	5.4888×10^{-4}
FGL	2.1273×10^{-4}

通常热腐蚀过程可分为两个阶段，即孕育期和加速腐蚀阶段。在孕育期，材料表面上形成保护性氧化膜和沉积硫酸盐膜，然后合金中的元素离子化产生电子，在熔融盐膜内转变为金属离子。起初，在盐膜下形成的腐蚀产物在一定程度上阻止了热腐蚀的进行，也阻止了气体与合金基体的反应。经过一段时间之后，在合金的表面保护层下可能形成硫化物，使保护层中出现了某些缺陷、空洞或裂纹，由此熔盐开始穿过表面保护层与合金表面反应，到一定程度，表面氧化膜剥落，失去保护作用，使热腐蚀进入加速阶段。

10.4.2　XRD 相结构分析

FGL 和 Ti600 基体 800℃下在 Na$_2$SO$_4$(75%)＋NaCl(25%) 中经 40h 腐蚀后，用 XRD 分析表面相结构，结果如图 10-22 所示。并对图 10-26（a、b）中的 A、B 两点处做能谱分析，结果如图 10-23 所示。可见，Ti600 基体氧化层中有 Al、S、Cl、O 等元素，FGL 氧化层中也有 Al、S、O 等元素，但没有发现 Cl。结合图 10-24 中 800℃下氧化膜截面的线扫描结果，可说明氧化层中均有 Al$_2$O$_3$ 生成，Ti、Cr 的含量沿氧化层厚度方向由外向内逐渐增大，而 O 的分布规律正好相反，且有渗硫、渗氯现象发生。结合 X 射线衍射相分析结果，可发现 Ti600 基体腐蚀后的表面主要由金红石结构的 TiO$_2$ 和少量 TiS、TiCl$_3$ 等组成，而 FGL 腐蚀后表面主要为 TiO$_2$ 和少量 Cr$_2$O$_3$、TiS，但是表面产物中均没有 Al$_2$O$_3$，具体原因将在高温氧化中做出分析。

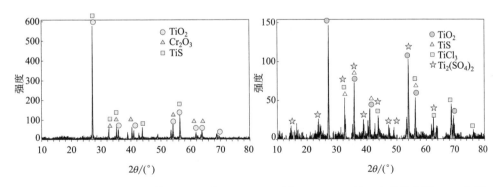

图 10-22　FGL 和 Ti600 基体 800℃下在 Na$_2$SO$_4$（75%）＋NaCl（25%）中腐蚀表面 XRD 分析

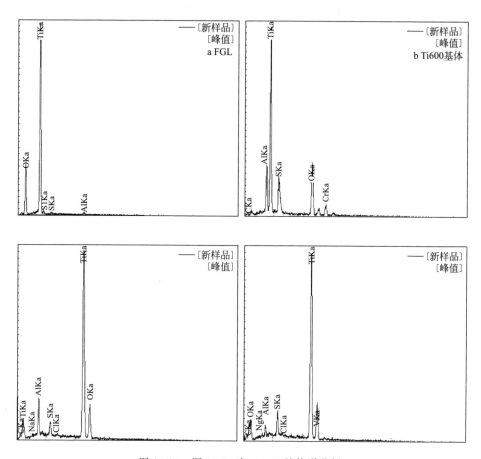

图 10-23　图 10-26 中 A、B 处能谱分析

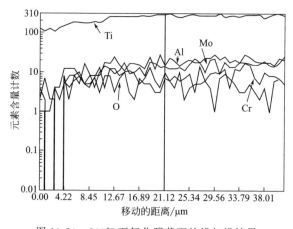

图 10-24　800℃下氧化膜截面的线扫描结果

10.4.3 FGL 和 Ti600 基体腐蚀产物显微结构分析

取出瓷杯后观察熔盐的颜色，浸有 Ti600 的熔盐变为混浊的黄褐色，且腐蚀 15h 后坩埚的熔盐中观察到脱落的腐蚀膜；而浸有 FGL 的熔盐待盐冷却后仍透明。取出清洗去盐后观察试样腐蚀层，如图 10-25 所示。可见，腐蚀孕育阶段，Ti600 基体表面有明显的腐蚀痕迹，局部腐蚀较显著；而 FGL 表面只是颜色变成灰色。随着时间增加，Ti600 基体表面遭受了严重的腐蚀，发生较严重的氧化层剥落现象，且表面氧化膜呈多层结构，表层氧化膜呈浅褐色，氧化膜破坏处呈灰色或红褐色；FGL 表面有腐蚀痕迹，氧化层均匀覆盖 FGL 表面，且较薄，仍可清晰地看到激光制备的原表面形貌，仅在一角由于边角效应有局部起皮剥落现象发生，如图 10-27b 所示，表面呈浅褐色或灰褐色。说明 FGL 的耐高温腐蚀性能优越于 Ti600 基体。

图 10-25　FGL 和 Ti600 基体 800℃下 $Na_2SO_4(75\%)+NaCl(25\%)$ 中 12h 和 40h 后表面形貌

由于钛合金高温腐蚀后，生成的氧化膜脆性很大，且容易剥落，所以对完整的氧化膜横截面观察比较困难。如果氧化膜剥落不明显时，可以观察到氧化膜的疏松层和致密层；如果氧化膜剥落比较严重时，则只能观察到氧化膜的致密层。图 10-26 为 FGL 和 Ti600 基体 800℃腐蚀 40h 后的截面 SEM 形貌。可见，FGL 表面氧化膜未出现明显的起皮剥落现象，因此微观截面氧化膜可分为外疏松层和内致密层，外疏松层较薄，内致密层致密且均匀，因此对基体起到了有效保护，氧化膜的疏松层也较为整齐和均匀，并没有明显的剥落现象，但氧化膜的结构缺陷较多，厚度约 $50\mu m$。而 Ti600 基体表面氧化膜剥落严重，因此剥落处微观截面仅为氧化膜致密层，但这些致密层并不都均匀和完整，如图 10-26c 所示，厚度约 $180\mu m$。这也说明了 FGL 的耐高温腐蚀性能优越于 Ti600 基体。

图 10-27 为 FGL 和 Ti600 基体 800℃下腐蚀 40h 后不同放大倍数下的表面 SEM 形貌。可见，FGL 表面生成的氧化膜较均匀致密，主要为连续的颗粒状氧化物；而 Ti600 基体由于氧化速度较大，氧化物在腐蚀孕育期大量生成，形成内致密层后，钛原子向外扩散，使得外层氧化膜主要为疏松的颗粒状 TiO_2 晶粒，以多面体规则形状堆垛，呈岛状分布，且晶粒粗大，如图 10-27（e、h）所示。

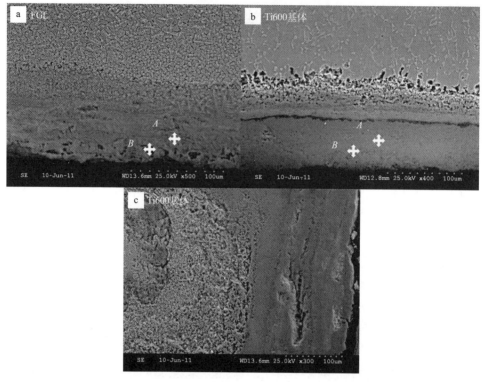

图 10-26 FGL 和 Ti600 基体 800℃腐蚀 40h 的截面 SEM 形貌

在较高温度下，氧化过程中生成的 TiO_2 氧化膜较大的内应力使得外层氧化膜开裂[8]，如图 10-27(d) 所示。而且在降温过程中，氧化膜和基体热膨胀系数的差异以及氧化膜的脆性，使得氧化膜达到一定厚度时疏松剥落严重，失去抗氧化能力。由于氧化层不致密，有利于环境氧穿过外氧化层，加速氧与基体的氧化反应。表面氧化皮脱落后，基体表面为内致密层，重新生长的氧化物较细小致密，如图 10-27f、l 所示。

10.4.4 高温腐蚀机理分析

（1）腐蚀机理

高温合金在氧化条件下表面会生成一层致密的氧化物保护膜，使氧向合金内扩散速度减小。当样品表面有液态盐沉积时，氧化膜就会发生破坏，使基体产生加速氧化，即发生了热腐蚀。Quets 等[9c] 较系统地建立了现在公认的热腐蚀机理——酸碱熔融模型，把热腐蚀描述为氧化物保护膜与熔盐界面发生碱性或酸性溶解，而在熔盐/气相交界面发生再沉积的过程。提出：①Na_2SO_4 中少量物质（O^{2-}、$S_2O_7^{2-}$、SO_3^{2-} 等）浓度和 Na_2SO_4 本身的稳定性是氧与硫化学势的函

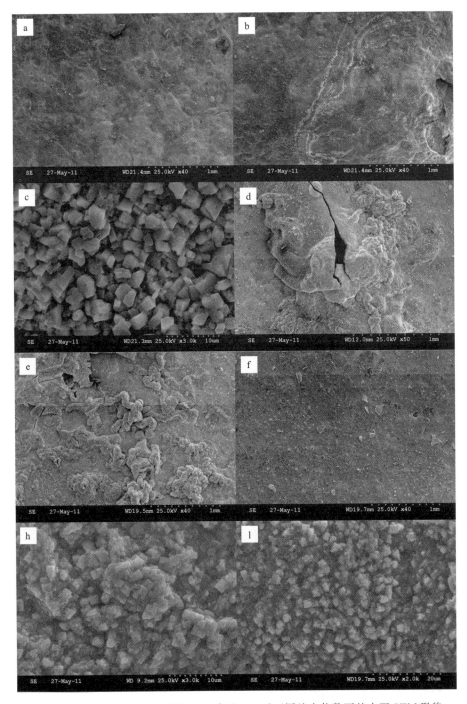

图 10-27　FGL 和 Ti600 基体 800℃腐蚀 40h 后不同放大倍数下的表面 SEM 形貌

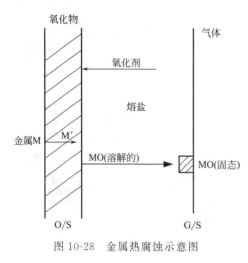

图 10-28　金属热腐蚀示意图

数；②氧化物在 Na_2SO_4 中的溶解度与少量物质浓度相关，特别是 O^{2-} 的浓度。图 10-28 为金属热腐蚀示意图，可见，氧化物在溶解度高的氧化物/熔盐（O/S）界面溶解，在浓度梯度驱动下，溶解的氧化物离子向低溶解度区迁移并沉淀。当达到稳态，氧化物溶解和传输到熔盐/气体（G/S）界面的速度恰好如氧化膜的生长速度，再次沉淀的氧化物疏松多孔，无保护性，热腐蚀可持续进行。

① 碱性熔融过程。金属与表面的熔融 Na_2SO_4 盐发生反应：

$$M+SO_4^{2-} = MO+SO_2+O^{2-} \tag{10-13}$$

由于上述反应，合金/熔盐（O/S）界面的局部碱度（O^{2-} 的活度）增大，发生碱性溶解：

$$2MO+O^{2-}+\frac{1}{2}O_2 = 2MO_2^- \tag{10-14}$$

生成的 MO_2^- 由合金/熔盐界面向熔盐/气体界面扩散。而在熔盐/气体界面处 O^{2-} 活度低，扩散至此的 MO_2^- 分解并析出疏松的 MO，即：

$$2MO_2^- = 2MO+O_2^{2-} \tag{10-15}$$

从上述分析看出，从合金/熔盐界面至熔盐/气体界面，O^{2-} 活度的负梯度是发生碱性熔融的必要条件。MO 在合金/熔盐界面的溶解和在熔盐/气体界面的析出维持了熔盐内氧离子的负梯度，使反应不断进行下去，直到金属表面的盐膜耗尽，金属的加速腐蚀才停止。热腐蚀形成的表面膜疏松、多孔，容易剥落。当合金中含有 Cr、Mo、Al 等易发生选择性优先氧化的元素时，其氧化物碱性熔融生成铬酸盐、钼酸盐和铝酸盐，消耗了 O^{2-}，从而抑制碱性熔融速度。

② 酸性熔融过程。当合金中含有一定量的难熔金属时，由于这些金属元素与 O^{2-} 有较强的亲和力，在热腐蚀初期，形成 TiO_2、Al_2O_3 等的同时，也形成难熔金属的氧化物。这些难熔金属的氧化物与熔融 Na_2SO_4 中的氧离子的反应能力很强，结果发生如下反应：

$$M_2O_5+3O^{2-} = 2MO_4^{3-} \tag{10-16}$$

$$MO_3+O^{2-} = MO_4^{2-} \tag{10-17}$$

反应消耗了熔盐/合金界面处的 O^{2-}，使得界面附近的熔融 Na_2SO_4 盐呈酸性。此时，合金表面的氧化物发生分解，例如：

$$MO_2^{2-} \Longrightarrow MO + O^{2-} \tag{10-18}$$

同时，反应生成的 MO、MO^{3-}、MO_4^{2-} 等都向熔盐/气体界面处扩散。到达外表面后，由于难熔金属的氧化物蒸气压高，MO^{3-}、MO_4^{2-} 等以氧化物的形式挥发，同时释出 O^{2-}，使外表面处的 O^{2-} 活度增加，式（10-17）表示的反应向左进行，即发生氧化物的析出。析出的氧化物最后形成疏松多孔的氧化物层。在整个过程中，难熔金属氧化物在合金/熔盐界面上的溶解和在熔盐/气体界面上的挥发维持了熔盐内的氧离子活度，使反应不断进行下去。这种热腐蚀反应是在氧化膜表面沉积的盐膜中氧离子活度很低的情况下进行的，因此称为酸性熔融机制。

③ 热腐蚀的电化学模型。液态 Na_2SO_4 为良好的电解质，对于金属，它的腐蚀行为类似于在水溶液中的腐蚀行为。在金属/氧化膜/熔盐/气体体系中，既有化学反应，又有电化学反应。

气相成分与熔盐间为化学反应，如 SO_3 溶解于 Na_2SO_4 中：

$$SO_3 + SO_4^{2-} \Longrightarrow S_2O_7^{2-} \tag{10-19}$$

金属与氧化膜界面，为金属氧化反应：

$$M \Longrightarrow M^{2+} + 2e^- \tag{10-20}$$

金属氧化膜与熔盐间存在电化学反应，阳极反应为氧化物的酸性或碱性溶解；阴极反应为氧化剂的还原：

$$SO_3 + 2e^- \Longrightarrow SO_2 + O^{2-} \Longrightarrow SO_3^{2-} \tag{10-21}$$

$$S_2O_7^{2-} + e^- \Longrightarrow SO_4^{2-} + SO_3^- \tag{10-22}$$

$$SO_3^- + e^- \Longrightarrow SO_2 + O^{2-} \tag{10-23}$$

熔盐中也发生阴极极化现象，当保护性氧化膜破裂时，出现金属/熔盐界面。因此，金属热腐蚀是一个化学-电化学联合作用的过程。

④ 低温热腐蚀。低温热腐蚀即Ⅱ型热腐蚀，发生在 Na_2SO_4 熔点（884℃）以下约 $600 \sim 750$℃温度区间及气体中含 SO_3 与 O_2 的环境。其特征一是初期有一孕育期，随后为加速腐蚀；二是常发生孔蚀。

发生低温热腐蚀的主要原因是在 Na_2SO_4 腐蚀过程中产生了 MSO_4，它与 Na_2SO_4 形成固溶体溶液，共晶温度较低。当 Na_2SO_4 与 $NaCl$ 混合熔盐时，其共晶温度为 630℃，故低温热腐蚀仍在液态盐中进行，或局部出现液态盐。在界面附近反应产生硫化物与硫酸盐混合区，即产生孔蚀。

含 SO_3 气氛的环境中低温热腐蚀过程：在孕育期，金属首先形成氧化膜，同时盐膜中逐渐形成 Na_2SO_4-MSO_4 固溶体溶液，MSO_4 达到临界量即形成共晶而出现液相。液态 Na_2SO_4-MSO_4 沿氧化膜界面渗透，反应生成金属硫化物及氧化物：

$$4M + MSO_4 \Longrightarrow MS + 4MO \tag{10-24}$$

即在初期生成的包括 Cr_2O_3 或 Al_2O_3 与尖晶石组成的保护性氧化膜下生成蚀坑。

（2）腐蚀过程分析

① Ti600 合金的热腐蚀过程分析。结合腐蚀机理，从基体钛合金腐蚀层的能谱分析来看，基体钛合金的腐蚀层含有大量 O、Cl 和 S 原子，而腐蚀层与基体的界面处不含 O 原子，从腐蚀层成分变化来看，合金的腐蚀过程表现出渗硫、氯的过程。这必将大大加速合金的腐蚀速度。渗硫过程可解释如下，由于在液态硫酸钠沉积物中，硫酸根离子按式（10-25）分解：

$$SO_4^{2-} = \frac{1}{2}O_2 + SO_2 + O^{2-} \tag{10-25}$$

腐蚀发生的初期，由于合金表面发生氧化生成了 TiO_2，使盐膜内氧分压降低，硫分压升高，同时 O^{2-} 的浓度也会增大。随着腐蚀时间的延长，液态熔盐会经过氧化膜（晶界或各种微孔和氧化膜溶解形成的缺陷）逐渐渗入合金基体。氧化膜溶解的过程如下：

在初始热腐蚀阶段生成的 TiO_2 将与熔融盐中的氧离子发生如下反应：

$$TiO_2 + O^{2-} = TiO_3^{2-} \tag{10-26}$$

生成的 TiO_3^{2-} 向熔盐/气体界面扩散。而在熔盐/气体界面处 O^{2-} 活度低，扩散至此的 TiO_3^{2-} 分解并析出疏松的 TiO_2，即：

$$TiO_3^{2-} = TiO_2 + O^{2-} \tag{10-27}$$

盐膜中氧离子的负梯度使反应不断进行下去，由于合金/熔盐界面的 O^{2-} 不断被消耗使得盐膜中的 S 压不断升高，这样疏松的腐蚀层到合金基体内部就存在着一个 S 的正活度梯度，而 S 的活性增大到一定程度时，在金属与盐膜的界面处会发生反应：

$$2Ti + SO_2 = TiS + TiO_2 \tag{10-28}$$

这样腐蚀过程由单一的氧化过程变为硫化和氧化同时发生的过程，随着腐蚀时间的延长，腐蚀层的保护性继续降低，大量熔盐会渗入，与合金基体接触，腐蚀面积增大，硫化反应变得越来越剧烈，腐蚀前沿不断推进到金属内部，腐蚀进入加速腐蚀阶段。这是因为发生硫化的同时 Ti 进一步被消耗，保护性氧化膜再生减慢，再者，硫化物（$PBR \approx 2.5$）的产生会导致氧化膜和合金基体体积的急剧膨胀。所以，硫化物本身也会使合金表面的氧化膜发生损坏。

需要进一步说明的是，在金属发生硫化和氧化的同时，熔盐中的 NaCl 也参与了腐蚀过程，氯化反应过程见图 10-29。NaCl 主要破坏合金表面早期形成的氧化膜，使氧化膜开裂和剥落。反应如下：

$$4NaCl + TiO_2 = 2Cl_2 + Ti + 2Na_2O \tag{10-29}$$

$$2Cl_2 + Ti = TiCl_4 \tag{10-30}$$

$$TiCl_4 + O_2 = TiO_2 + 2Cl_2 \tag{10-31}$$

反应（10-30）、反应（10-31）循环进行，使合金快速氧化，Na_2SO_4 更易进

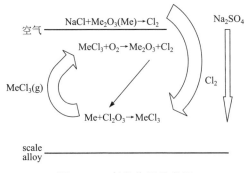

图 10-29 氯化作用示意图

入基体发生硫化。

② FGL 的腐蚀过程分析。由腐蚀层的形貌及成分能谱图 10-23～图 10-27 可见，FGL 表面腐蚀较轻微，氧化层中含有大量 O、Cr、Ti、S、Al 原子，从表层向内部有明显的渗硫行为发生。

FGL 的腐蚀过程可以做如下描述：腐蚀初期，熔覆层在盐膜下发生氧化，生成以 Al_2O_3 和 SiO_2 为主的保护膜，氧被消耗，使得金属/熔盐界面处的 O_2 压降低，而 S_2 压则升高，导致硫化物在金属/氧化物界面处生成。这样就使氧化物/熔盐界面处的 S_2 压降低，亦即 O^{2-} 浓度增大，随后金属氧化物碱性溶解。同时氧化物与 NaCl 反应腐蚀速度进一步加快。具体反应如下：

$$2Al+3SO_4^{2-}\!=\!=\!=Al_2O_3+3SO_2+3O^{2-} \tag{10-32}$$

$$10Al+3SO_2\!=\!=\!=3Al_2S+2Al_2O_3 \tag{10-33}$$

$$Al_2O_3+O^{2-}\!=\!=\!=2AlO_2^- \tag{10-34}$$

$$2AlO_2^-\!=\!=\!=Al_2O_3+O^{2-} \tag{10-35}$$

$$2NaCl+Al_2O_3+1/2O_2\!=\!=\!=2NaAlO_2+Cl_2 \tag{10-36}$$

$$2Al+3Cl_2\!=\!=\!=2AlCl_3 \tag{10-37}$$

$$2AlCl_3+3/2O_2\!=\!=\!=Al_2O_3+3Cl_2 \tag{10-38}$$

氧化膜的氯化机制可以描述为：氧化膜与氯化钠反应生成的 Cl_2 沿着熔覆层表面块状晶扩散通道渗入熔覆层中，与熔覆层中的 Al 反应生成具有挥发性的 $AlCl_3$。$AlCl_3$ 向外扩散到氧化膜的外表面与 O_2 反应，再次生成 Cl_2，重新生成的 Cl_2 又扩散进入氧化膜，在氧化膜/熔覆层界面处与 Al 反应。由于熔盐中的 NaCl 只占 25％，因此在熔盐腐蚀过程中，应以氧化、硫化为主导作用。大量资料表明 SiO_2 在熔盐中的溶解度很低，几乎不溶，因此在整个腐蚀过程中，SiO_2 保持原有的状态。

需要说明，合金的腐蚀温度虽然为低温热腐蚀发生的温度，但从图 10-30 中可以看到成分为 Na_2SO_4 75％（质量分数）＋NaCl 25％（质量分数）的混合盐已

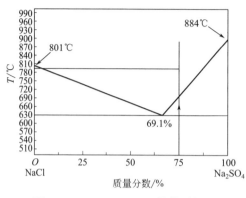

图 10-30　NaCl-Na$_2$SO$_4$ 的体系相图

接近体系的共晶点成分，其熔点约为 675℃。所以，合金的腐蚀温度虽然低于纯 Na$_2$SO$_4$ 的熔点（884℃），但是腐蚀基本上还是在液态中进行，因此加快了合金的腐蚀速度。

（3）梯度结构对腐蚀性能的影响

在氧化、硫化、氯化同时作用下，FGL 表层中的 Al 大量被消耗，这样在熔覆层的表层及次表层形成了 Al^{3+} 的负梯度，次表层中的 Al^{3+} 不断补充到表层生成 Al$_2$O$_3$ 保护膜，提高了熔覆层的抗腐蚀性。

10.5　高温氧化性能测试

抗氧化性是指 FGL 和 Ti600 基体在高温环境下对空气腐蚀作用的抵抗能力。在高温条件下工作的钛合金，其高温氧化性能十分重要。针对钛合金常见的服役环境，正确评估基体 Ti600 合金和梯度涂层在 800℃ 下静态空气中的抗氧化性能，同时研究合金的氧化规律，分析氧化膜的种类、结构、形貌及其生长机制，可以为合金性能的进一步提高提供依据。

根据 JIS Z2282—1996，高温氧化实验采用恒温等频氧化法，实验温度 800℃，氧化时间累计 70h。实验主要观测合金氧化过程中颜色、状态、质量的变化。每 3h 取出试样，空冷 20min 后称重，按下式计算试样单位面积的质量变化，作出氧化动力学曲线。

$$Q = \frac{M_o - M_e}{S_o} \tag{10-39}$$

式中，Q 为单位面积的氧化增重（mg/cm^2）；M_o 为氧化前试样的质量（mg）；M_e 为氧化后试样的质量（mg）；S_o 为腐蚀面积（cm^2）。

10.5.1　恒温氧化动力学

Ti600 基体和 FGL 在 800℃ 下氧化 70h 的动力学曲线如图 10-31 所示。崔文芳[10]等研究发现：高温钛合金的氧化增重 ΔW 由氧化膜的生成和形成富氧固溶体两部分组成，它们均与氧化时间呈抛物线规律变化，氧化动力学满足：

$$(\Delta W)^n = Kt \tag{10-40}$$

式中，K 为氧化速度常数，n 为速度指数。

借助线性化回归理论，将式(10-40)两边取对数：

$$n \cdot \lg \Delta W = \lg K + \lg t \quad (10\text{-}41)$$

令 $\lg t = y_1$，$\lg \Delta W = x_1$，$\lg K = -a$；则：

$$y_1 = a + n \cdot x_1 \quad (10\text{-}42)$$

根据最小二乘法，得一元线性回归方程：

$$\hat{y} = a + n \cdot x \quad (10\text{-}43)$$

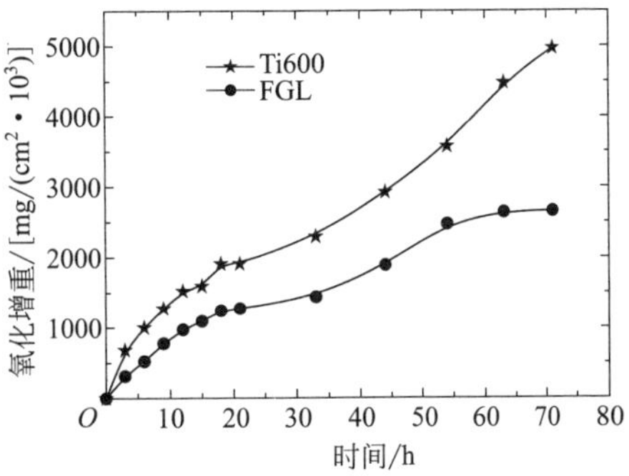

图 10-31　Ti600 基体和 FGL 800℃
氧化动力学曲线

则实测值与回归值的差为：

$$e_i = y_i - \hat{y} = y_i - (a + n \cdot x) \quad (10\text{-}44)$$

$$\text{取 } Q(a, n) = \sum_{i=1}^{m} e_i^2 = \sum_{i=1}^{m} (y_i - a - n \cdot x)^2 \quad (10\text{-}45)$$

由于 $Q(a, n) \geqslant 0$，根据极值原理：

$$\begin{cases} \dfrac{\partial Q}{\partial a} = 0 = -2\sum_{i=1}^{m}(y_i - a - n \cdot x_i) \\ \dfrac{\partial Q}{\partial n} = 0 = -2\sum_{i=1}^{m}(y_i - a - n \cdot x_i)x_i \end{cases} \quad (10\text{-}46)$$

解得：
$$\begin{cases} a = \dfrac{1}{m}\sum_{i=1}^{m} y_i - \dfrac{n}{m}\sum_{i=1}^{m} x_i \\ n = \dfrac{\sum x_i y_i - \bar{x}\sum y_i}{\sum x_i^2 - \bar{x}\sum x_i} \end{cases}，\text{ 其中，}$$

$$\bar{x} = \frac{1}{m}\sum_{i=1}^{m} x_i \quad (10\text{-}47)$$

代入实验所得氧化动力学数据，求得 n 值如表 10-9 所示。

表 10-9　Ti600 基体和 FGL 在 800℃ 下的速度指数 n 值

温度/℃	Ti600 基体	FGL
n	1.38	1.86

可见，FGL 有较好的抗氧化性能，氧化速度为 $0.37\text{g}/(\text{m}^2 \cdot \text{h})$，单位面积氧化皮脱落量为 $1.8\text{g}/\text{m}^2$，其氧化动力学曲线基本符合抛物线规律。Ti600 基体属次抗氧化级，氧化速度为 $0.54\text{g}/(\text{m}^2 \cdot \text{h})$，单位面积氧化皮脱落量为 $55.1\text{g}/\text{m}^2$，其氧化动力学曲线近似符合抛物线-直线规律。Ti600 基体的氧化速度及增幅均

大于梯度涂层。二者的氧化动力学曲线均有一个共同的规律：即前半部分为抛物线过渡期（小于等于18h，快速氧化阶段），增重曲线的斜率较大，表明氧化速度快，这是因为试样表面氧压较高，合金表面的 Al、Ti、Si、Cr 和 Mo 等元素在高温下迅速与氧发生反应，形成多种氧化物，氧化速度受界面反应机制控制。随着氧化时间延长，梯度涂层进入线性氧化阶段（稳定氧化阶段），表面生成一层保护性氧化膜，对氧的扩散起到一定阻碍作用，减缓了合金的进一步氧化，氧化逐渐进入稳定期，氧化增重速度减慢，曲线斜率明显减小，氧化动力学逐渐趋于平稳，氧化由界面反应机制转变为钛的间隙离子向外扩散和氧空位向内扩散为主的元素经氧化膜扩散机制。而 Ti600 基体表层氧化皮起皱（翘曲）开裂脱落，此时氧化膜失去保护性，氧化增重近似直线快速增加。

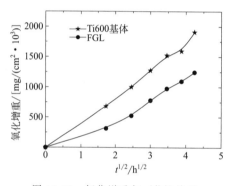

图 10-32　氧化增重与 $t^{1/2}$ 的关系

由于 Ti600 基体和 FGL 在 800℃ 下快速氧化的氧化动力学曲线基本符合抛物线规律，因此满足：

$$(\Delta W)^2 = Kt \tag{10-48}$$

式中，ΔW 为单位面积氧化增重；K 为氧化速度常数；t 为氧化时间。对时间轴取平方根，氧化动力学曲线近似为直线，如图 10-32 所示。取直线斜率求得 Ti600 基体和 FGL 在 800℃ 下的 K 值如表 10-10 所示。

$$\Delta W = K_p t^{1/2} \tag{10-49}$$

表 10-10　Ti600 基体和 FGL 在 800℃ 下的 K 值

项目	Ti600 基体	FGL
$K/\{[\mathrm{g}^2/\mathrm{m}^4 \cdot \mathrm{h}] \times 10^3\}$	235.81	161.04

根据 Arrhenius 公式，氧化速度常数 K 与氧化激活能 Q 之间满足关系式：

$$K = K_0 e^{-Q/RT} \tag{10-50}$$

式中，K_0 为指数因子；T 为热力学温度；R 为气体常数，取 8.31J/(mol·K)。方程两边取对数得：

$$\ln K = \ln K_0 - \frac{Q}{RT} \tag{10-51}$$

把 Ti600 基体和 FGL 在 800℃ 下的 K 值与生成 Al_2O_3 和 TiO_2 氧化膜时的 K 值进行比较，如图 10-33 所示。可见，Ti600 基体和 FGL 的 K 值位于 Al_2O_3 和 TiO_2 之上，可认为氧化时均主要生成 TiO_2 氧化物，Al_2O_3 量稍微较少。

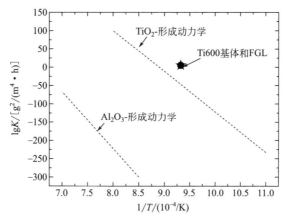

图 10-33　Ti600 基体和 FGL 在 800℃下的 K 值与生成 Al_2O_3 和 TiO_2 时的 K 值比较

10.5.2　XRD 相结构分析

FGL 和 Ti600 基体在 800℃下经 70h 氧化后，用 XRD 分析表面相结构，结果如图 10-34 所示。并对图 10-37(a、b) 中的 A、B 两点处做能谱分析，结果如表 10-11 所示。X 射线衍射相分析表明 Ti600 合金氧化后的表面主要由金红石结构的 TiO_2 组成，FGL 氧化后的表面主要为 TiO_2 和少量 Cr_2O_3，但对氧化层剖面的能谱和线扫描分析证明了 TiO_2 层中分布着 Al 元素。再结合图 10-33，氧化动力学曲线中所求的氧化速率常数 K 值，可以认为：Ti600 合金在 800℃氧化时主要形成 TiO_2 氧化物，但也有少量 Al_2O_3 氧化物。

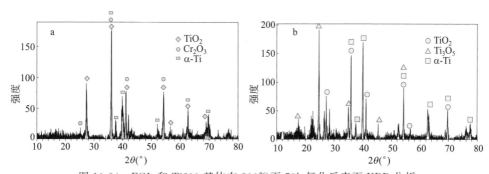

图 10-34　FGL 和 Ti600 基体在 800℃下 70h 氧化后表面 XRD 分析

表 10-11　图 10-37 中 A、B 处能谱分析

项目　　元素	O	Al	Si	Ti	Sn
a-A	3.17	6.34		87.61	2.88
a-B	3.92	4.14	0.90	86.25	4.80

续表

项目＼元素	O	Al	Si	Ti	Sn
b-A	23.71	7.60		68.69	
b-B	27.73	2.11		70.16	

氧化层外层的成分中有 Cr_2O_3，并没有 Al_2O_3。这是因为 Al 离子在氧化膜中的扩散速度相对较慢，主要是 O 沿晶界向基体渗透与 Al 离子形成 Al_2O_3 内氧化物。Cr 离子与 Ti 离子在氧化膜中扩散速度快，即 Cr 离子与 Ti 离子向外扩散，在表面形成氧化物。

根据 Arrhenius 关系式测定的元素扩散系数外推，800℃时 Al^{3+} 在 Al_2O_3 的扩散系数为 $1.68×10^{-22}cm^2/s$，而 Ti^{4+} 在 TiO_2 的扩散系数为 $2.0×10^{-14}cm^2/s$。平均扩散距离可以用 $\lambda=\sqrt{Dt}$ 表示，D 代表扩散系数，t 代表时间。可以得出即使氧化时间 $t=1000h$，Al^{3+} 的扩散距离仅为 $10^{-3}\mu m$，这导致了 Al 主要在内层而不能向外层扩散，这也是我们在外层氧化物中观察不到 Al_2O_3 的原因。

图 10-35 为 800℃下氧化膜截面的线扫描结果。可见，钛的含量沿氧化层厚度方向由内向外逐渐增加，而铬的分布规律正好相反。这是因为相同条件下 Ti^{4+} 的扩散较 Cr^{3+} 的扩散快；从热力学分析，TiO_2 较 Cr_2O_3 更容易生成，例如 Cr_2O_3 的标准生成自由能：$\Delta G_{800℃}^{\theta}=-620kJ/mol$；$TiO_2$ 的标准生成自由能：$\Delta G_{800℃}^{\theta}=-724kJ/mol$。因此，氧化膜外层要逐渐形成以钛为主、含有铬的氧化层，且随着氧化层厚度增加，氧化物中钛的含量逐渐增加。按照 Wagner 氧化动力学理论[11]，TiO_2 膜的生长以氧化膜中 Ti 的化学势为驱动力，这就使 Ti 离子不断经过 TiO_2 膜向外扩散与 O 结合，从而在氧化膜和基体之间形成一层贫 Ti 的过渡区。由于 TiO_2 膜本身不够致密，氧离子很容易通过它向基体扩散，形

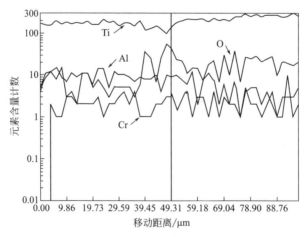

图 10-35　800℃下氧化膜截面的线扫描结果

成富氧扩散层。随着 Ti 离子不断向外扩散和氧离子不断向内扩散，氧化膜的厚度不断增加。

10.5.3　FGL 和 Ti600 基体氧化层显微结构分析

图 10-36 为 FGL 和 Ti600 基体在 800℃下氧化 18h 和 70h 后的表面宏观形貌。可知，Ti600 基体前 3h 氧化表面呈黄色，氧化层薄，表面均匀覆盖。随时间的增加，表面氧化物变褐色，膜厚增加，氧化膜由内层和外层岛状衍生物两部分构成，并伴随有表面氧化膜起皱（翘曲）、断裂，与基体接触的氧化膜内表面呈灰白色，且脱落层易碎，呈粉末状。表明氧化膜与基体界面结合力较弱，结合强度小于氧化膜的自身强度，在应力释放过程中，表现出弱界面强氧化物特性的剥落机制。FGL 表面颜色和状态的变化不明显，仅在最后由于边角效应在一角出现氧化膜起皱（翘曲）现象，说明 FGL 的抗氧化性能好于Ti600 基体。

图 10-36　FGL 和 Ti600 基体 800℃氧化 18h 和 70h 的表面宏观形貌
a. FGL 18h；b. Ti600 18h；c. FGL 70h；d. Ti600 70h

图 10-37 为 FGL 和 Ti600 基体在 800℃下氧化 70h 后的截面 SEM 形貌。可以看出，FGL 的氧化膜厚度为 5～6μm，且较平直、致密，均匀而连续，没有明显的凹凸、孔洞、疏松等缺陷；而 Ti600 基体的氧化膜厚度达到 55μm 左右，明显分为内疏松氧化区、中厚且致密层（Al_2O_3、TiO_2）和外薄且疏松多孔层（TiO_2），且能谱分析表明，外层氧化物中没有 Al_2O_3。

氧化层内出现一些孔隙，发生局部增加的氧化，随着加热时间的延长，孔隙数量增加，形成大量疏松孔洞，即所谓的内氧化，并向基体内部扩展（图 10-37b）。可能的解释是，内氧化层是氧化皮与氧影响区之间的过渡层，这一层处于金属完全氧化与没有被氧化的中间状态，随着氧的扩散，氧化过程不断进行，原来没有被完全氧化的内氧化层被完全氧化，变成氧化皮而受氧影响区逐步被氧化，变成新的内氧化区域。以 Al_2O_3 为主的内氧化物呈"钉楔"状结构［图 10-37b、c］，一定程度上能够增加氧化膜与基体的黏结性。内氧化所造成的生长应力也是氧化膜开裂和剥落的重要原因。

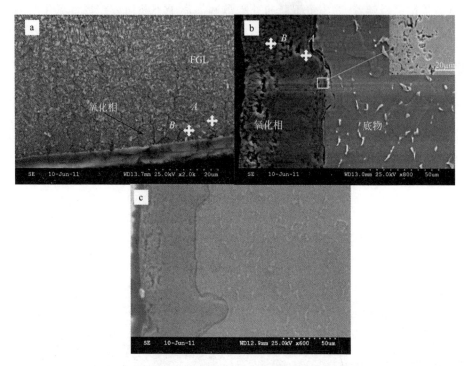

图 10-37　FGL 和 Ti600 基体 800℃下氧化 70h 的截面 SEM 形貌　(a) FGL　(b、c) Ti600

图 10-38 为 FGL 和 Ti600 基体在 800℃下氧化 70h 后不同放大倍数下的表面 SEM 形貌。可以看出，FGL 表面生成的氧化膜较均匀致密，主要为连续的短纤维状氧化物；而 Ti600 基体由于氧化速度较大，氧化物在氧化初期大量生成，形成了内层致密氧化膜后，钛原子的趋外扩散氧化占主导，使得外层氧化膜主要为疏松的颗粒状 TiO_2 晶粒，以多面体规则形状堆垛，呈岛状分布，且晶粒粗大。孔洞数量和孔洞尺寸自基体向外逐渐增加，致密化程度下降。在较高温度下，氧化过程中生成的 CO_2 气体和 TiO_2 氧化膜的较大内应力使得外层氧化膜开裂。而且在降温过程中，氧化膜和基体热膨胀系数的差异以及氧化膜的脆性，使得氧化膜达到一定厚度时疏松剥落严重，失去抗氧化能力。由于氧化层的不致密，有利于环境氧穿过外氧化层，加速氧与基体的氧化反应。表面氧化皮脱落后，基体表面表现出不同程度的表面不平整，或称"凸起"，这一未脱落氧化层具有极强的黏附力，重新生长的氧化物晶粒呈疏松的雪花状，如图 10-38e 所示。

10.5.4　高温氧化机理分析

（1）氧化过程分析

通过对 800℃下氧化层显微结构和氧化产物分析，可以得知，合金表面氧化

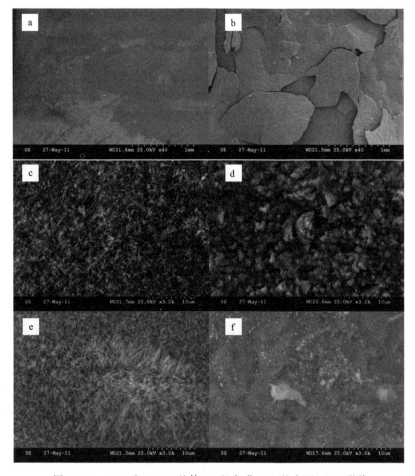

图 10-38　FGL 和 Ti600 基体 800℃氧化 70h 的表面 SEM 形貌

膜的生长是通过氧的内扩散和 Ti、Al、Cr 的外扩散进行的。FGL 和 Ti600 合金的氧化过程大致可以分为以下三个阶段。

第一阶段：金属与氧的初始反应。气相中氧分子碰撞清洁金属表面，非弹性碰撞部分氧分子被吸附于活性位置。当氧分子与金属接触，发生电子转移，由物理吸附转化为化学吸附，进而形成氧化物晶核，金属离子与氧离子继续反应，晶核不断长大形成氧化膜。

在 Ti600 基体和 FGL 表面，由于钛合金对氧的溶解度很大，氧原子首先溶于钛合金内部，过饱和后与钛反应生成 TiO_2 和其他形式的钛氧化物，并存在 Mo、Al、Si、Cr 氧化物的混合物。但是 Al_2O_3 与 TiO_2 的稳定性非常相似，同时由于合金中 6％左右的铝含量太低，阻碍了 Al 发生局部氧化形成防护性的 Al_2O_3 膜层。这一阶段 Ti、Al、Cr 的向外扩散是氧化速度的控制因素，形成 Ti

的氧化物在动力学上优于形成 Al 的氧化物，TiO_2 迅速长大，不但沿垂直表面方向生长，而且也向侧面长大，这一过程持续到 TiO_2 向侧面生长并相互接触，构成连续的氧化物保护膜。

第二阶段：正负离子通过已形成的氧化膜的扩散成为金属氧化的速度控制步骤。由于已经在合金基体表面形成了一层氧化膜，金属元素通过氧化层向外部扩散的速度变慢，O 元素通过氧化层向内扩散变得十分重要，氧化膜的生长速度决定于成分的梯度与扩散速度。

根据氧化物中占优的载流子为电子或电子空穴的不同情况[12]，可将氧化物半导体分成两种类型：n-型半导体，电子为占优的载流子；p-型半导体，电子空穴为占优的载流子。依据氧化物中金属离子和氧离子比相对过剩或不足的情况，又可将 n-型半导体分成两类：金属过剩型和非金属不足型。TiO_2、SiO_2、Al_2O_3 属于金属过剩 n-型半导体氧化物；Cr_2O_3 属于非金属不足 n-型半导体氧化物。这样我们可以判断第二阶段的氧化过程。

第二阶段的氧化过程是以氧离子向内扩散为主的过程。由于表面形成了一层 TiO_2 氧化物，Ti、Al、Cr 通过基体向外扩散速度减慢，但 Ti、Cr 较 Al 在氧化层中的扩散速度快。Ti、Cr、O 的扩散成为氧化反应速度的控制因素，于是便形成了 $TiO_2+Cr_2O_3+$ 点状 Al_2O_3 弥散分布层，由于 Kirkendall 效应，开始有孔隙产生。

第三阶段：由于氧化层已有足够的厚度，金属元素向外扩散的距离变得更远，而且扩散也变得十分困难。由于 Al 扩散极小，导致 Al 主要在内层而不能向外层扩散，这也是我们在外层氧化物中观察不到 Al_2O_3 的原因。此时 Ti、Cr 的向外扩散成为氧化反应速度的主要控制因素。氧化膜变得越来越厚，内应力不能通过膜或金属的塑性变形及时释放而累积达到较高值，氧化膜出现疏松、裂纹而破碎剥落，从而氧通过微观/宏观裂纹和孔隙传输。

(2) 氧化热力学和动力学分析

① 高温氧化热力学分析。

a. 热力学基本原理。氧化过程中，金属与氧发生反应的速度相对于动力学生长速度往往要快得多，体系多处于热力学平衡状态，热力学分析是研究氧化的重要步骤。由于氧化反应大都发生在恒温恒压下，因此涉及体系的热力学变量最重要的有三个：温度（T）、压力（P）和吉布斯（Gibbs）自由能（G）。

对于高温氧化反应

$$M+O_2 =\!=\!= MO_2 \tag{10-52}$$

根据范特霍夫（Vant Hoff）等温方程式，在温度 T 下此反应的吉布斯自由能的变化为：

$$\Delta G = \Delta G^\theta + RT\ln K \tag{10-53}$$

式中，K 为反应的平衡常数，并有：

$$K = \frac{\alpha_{MO_2}}{\alpha_M \alpha_{O_2}} \tag{10-54}$$

式中，ΔG^θ 为温度 T 下反应的标准自由能变化；R 为气体常数；T 为绝对温度；α 为活度；下标 M、O_2、MO_2 分别代表金属、氧气和氧化物。由于 M 和 MO_2 均为固态纯物质，它们的活度都等于 1，即 $\alpha_M = \alpha_{MO_2} = 1$，而 $\alpha_{O_2} = P_{O_2}$，P_{O_2} 为氧分压，故：

$$\Delta G = \Delta G^\theta - RT \ln P_{O_2} \tag{10-55}$$

当反应平衡时，$\Delta G = 0$，由式（10-55）得出 $\Delta G^\theta = RT \ln P'_{O_2}$，$P'_{O_2}$ 为给定温度下反应平衡时的氧分压或者氧化物的分解压。将 ΔG^θ 重新代入式（10-55）中，得：

$$\Delta G = RT \ln \frac{P'_{O_2}}{P_{O_2}} \tag{10-56}$$

当 $P_{O_2} > P'_{O_2}$ 时，$\Delta G < 0$，反应向生成 MO_2 方向进行；

当 $P_{O_2} = P'_{O_2}$ 时，$\Delta G = 0$，反应处于平衡状态；

当 $P_{O_2} < P'_{O_2}$ 时，$\Delta G > 0$，反应向 MO_2 分解方向进行。

由热力学数据，可以得到反应条件下对应的 ΔG^θ 或 P'_{O_2} 的数值，由式（10-55）具体计算 ΔG 或通过实际气氛中的氧分压与该温度下氧化物的分解压对比即可判定氧化反应的可能性。对于纯金属，一般地，热力学分析结果同时可说明纯金属发生氧化的倾向和形成的稳定氧化物相。而对于合金氧化的情况，热力学分析只能说明不同合金元素对氧亲和力的大小，最终形成的稳定氧化物种类还与合金元素的含量有关，并且要受到动力学的影响。

b. ΔG^θ-T 图。从 ΔG 值可以判断反应进行的方向。实际应用时，由于反应的温度、气体介质的种类、气体分压等都可能不同，用热力学公式计算比较烦琐。1944 年埃林厄姆（Ellingham）绘制了氧化物标准生成自由能与温度的 ΔG^θ-T 图，用图解的方法直接判定反应的可能性。1948 年理查森（Richardson）和杰夫斯（Jeffes）在 ΔG^θ-T 图上添加了气体分压 P_{O_2}、P_{CO}/P_{CO_2}、P_{H_2}/P_{H_2O} 三个辅助坐标，构成了所谓的埃林厄姆-理查森图。图 10-39 为部分典型金属氧化物的埃林厄姆-理查森图[13]。

c. FGL 和 Ti600 基体氧化物的热力学计算。Ti600 基体在 800℃以上高温氧化时，主要生成两种稳定的氧化物：TiO_2 和 Al_2O_3。而 FGL 高温氧化物还包括 Cr_2O_3。

$$TiC + 2O_2 \xrightarrow{\quad} TiO_2 + CO_2 \tag{10-57}$$

$$Ti + O_2 \xrightarrow{\quad} TiO_2 \tag{10-58}$$

$$2Al + 3/2O_2 \xrightarrow{\quad} Al_2O_3 \tag{10-59}$$

$$4/3Cr + O_2 \xrightarrow{\quad} 2/3Cr_2O_3 \tag{10-60}$$

$$\Delta G^\theta_{TiO_2}(T) = RT \ln P(O_2) \tag{10-61}$$

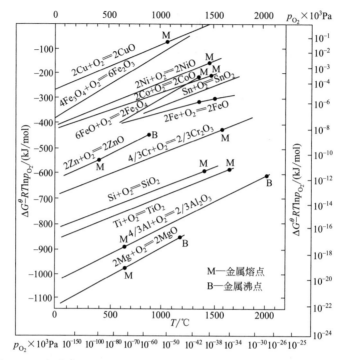

图 10-39　部分典型金属氧化物的 ΔG^{θ}-T 图 (Ellingham-Richardson 图)

(ΔG^{θ}—标准反应吉布斯自由能的变化；T—温度；R—气体常数；p_{O_2}—氧分压)

$$\Delta G^{\theta}_{Al_2O_3}(T) = RT\ln[P(O_2)]^{2/3} \tag{10-62}$$

$$\Delta G^{\theta}_{Cr_2O_3}(T) = RT\ln[P(O_2)]^{2/3} \tag{10-63}$$

式中，气体常数 $R=8.314\text{J}/(\text{mol}\cdot\text{K})$；绝对温度 T/K；氧分压 $P(O_2)/\text{Pa}$；氧化物标准生成自由能 $\Delta G^{\theta}(T)/(\text{J}/\text{mol})$。在常压下氧分压 $P(O_2)=2\times10^4\text{Pa}$。

此外，Gaskell 还提供了以下三个计算公式：

$$\Delta G^{\theta}_{TiO_2}(T) = -910000 + 173T \tag{10-64}$$

$$\Delta G^{\theta}_{Al_2O_3}(T) = -1676000 + 320T \tag{10-65}$$

$$\Delta G^{\theta}_{Cr_2O_3}(T) = -980000 + 185T \tag{10-66}$$

可以计算出在 800℃ 下：

$$\Delta G^{\theta}_{TiO_2}(T) = -724\text{kJ}/\text{mol} \tag{10-67}$$

$$\Delta G^{\theta}_{Al_2O_3}(T) = -1332\text{kJ}/\text{mol} \tag{10-68}$$

$$\Delta G^{\theta}_{Cr_2O_3}(T) = -620\text{kJ}/\text{mol} \tag{10-69}$$

可见，$\Delta G^{\theta}_{TiO_2}$、$\Delta G^{\theta}_{Al_2O_3}$、$\Delta G^{\theta}_{Cr_2O_3}$ 在 800℃ 下均为负值，说明氧化反应在该温度下都能自发进行。而且由于 ΔG^{θ} 愈负，该金属对氧的亲和力愈高，其氧化物也愈稳定，所以氧化物的稳定性大小依次为：

$$Al_2O_3 > TiO_2 > Cr_2O_3 \qquad (10-70)$$

即从热力学角度讲，优先生成 Al_2O_3，其次是 TiO_2 与 Cr_2O_3。但随氧化温度的升高或氧化时间的延长，TiO_2 的生长动力学优势将起主导作用。

② 高温氧化动力学分析。热力学仅确定金属氧化物能否自发进行和氧化产物的相对稳定性。要了解金属的氧化速度与氧化机制，则需依靠动力学。金属的氧化机制十分复杂，可分为两大类型：一是金属氧化物膜不能完全覆盖金属表面，金属氧化动力学的控制环节为金属与气体的界面反应；二是金属氧化物膜具有将金属与气体介质隔离的阻挡层作用，氧化膜长大需要反应物经由氧化膜扩散传质来实现。

a. 氧化膜的完整性。Pilling 与 Bedworth（1923 年）最先注意到氧化膜的完整性和致密性，并提出金属原子与其氧化物分子的体积比（习惯上称为 PBR），作为氧化膜致密性的判据，由此产生的应力称为体积应力。

$$PBR = V_{ox}/V_m \qquad (10-71)$$

式中，V_{ox} 为生成氧化物的体积，V_m 为生成氧化物所消耗的金属体积。

$PBR = 1$，为零应力状态。

$PBR < 1$，主要是碱金属与碱土金属，氧化物不能完全覆盖金属表面，称为开豁性金属，氧化膜不具有保护性。

$PBR > 1$，氧化物受压应力。通常 $1 < PBR < 3$，因为如果 PBR 远大于 1，则由于体积比过大，氧化膜的内应力大，当应力超过了氧化膜的结合强度，氧化膜开裂剥落，不具有保护性。只有当 PBR 略大于 1 时，才可形成完整致密的保护氧化膜。

对于 Ti/TiO_2 反应体系，$PBR = 1.95$；Al/Al_2O_3 反应体系，$PBR = 1.28$；Cr/Cr_2O_3 反应体系，$PBR = 2.07$。可见，Ti、Al、Cr 的金属氧化物具有保护性，Al_2O_3 比 TiO_2 和 Cr_2O_3 更具有完整致密性。

体积应力仅适用于金属/氧化物界面，特别是氧向内扩散的 n 型半导体（Al_2O_3 及 TiO_2 等），对金属离子外扩散的 p 型半导体而言，体积应力几乎不起作用。

b. 氧化膜的生长速度。金属和合金的氧化速度，通常用单位面积上的质量变化 $\Delta m (mg/cm^2)$ 来表示。有时也用氧化膜的厚度 y 或系统内氧的分压或单位面积上氧的吸收量来表示。膜厚与氧化增加质量可用式（10-71）换算：

$$y = \frac{\Delta m \cdot M_{ox}}{M_{O_2} \cdot \rho_{ox}} \qquad (10-72)$$

式中，y 为膜厚；Δm 为单位面积上的氧化增加质量；M_{ox} 为氧化物的摩尔质量；M_{O_2} 为氧的摩尔质量；ρ_{ox} 为氧化物的密度。

研究表明，金属氧化的动力学曲线大体上遵循直线、抛物线、立方、对数和反对数五种规律。通过前面的研究发现，Ti600 合金和 FGL 的恒温氧化动力学曲线在前 18h 基本呈抛物线趋势分布，符合抛物线规律，可用式（10-72）表示：

$$y^n = K_p t + C \tag{10-73}$$

式中，y 为时间 t 内氧化膜厚度；K_p 为抛物线速度常数；C 为积分常数。

当 $n < 2$ 时，氧化的扩散阻滞并不随膜厚的增加而成正比地增大。膜的应力、孔洞和晶界可能是造成扩散偏离平方抛物线关系的缘故。

当 $n > 2$ 时，扩散阻滞作用比膜增厚所产生的阻滞更严重。合金元素氧化物的掺杂、离子扩散、致密阻挡层的形成都是可能的原因。

（3）合金元素对 FGL 和 Ti600 基体高温氧化的影响

材料的抗氧化性能可通过合金化的途径得到提高，加入合适的合金元素，可在材料表面选择性氧化，形成保护性的连续氧化膜。本书 FGL 中除基体元素 Ti、Al 外还添加了 Si、Cr、Mo 等合金元素。

① Si 元素的影响。Si 对 Ti 合金抗氧化性能的影响主要是由 Si 对 Ti 合金氧化膜结构的作用引起的。氧化过程中 Ti 与 O 有很强的亲和力，两者极易发生反应，其产物为 TiO_2，由于 TiO_2 多为多面体规则形状，因而很难形成致密的氧化层，不能阻止氧向合金进行扩散。添加 Si 以后，一方面使氧化表层形成细小致密的 TiO_2，另一方面有助于氧化层中形成连续致密的 Al_2O_3 层。这是因为 SiO_2、TiO_2 氧化膜都属于"金属过剩"的 n 型半导体氧化物，如果固溶进比基体更高能级的金属离子，则会降低氧化膜中离子缺陷的浓度。合金元素 Si 的外层电子数和 Ti 一样，当 Si 以离子状态存在于氧化膜中时，会降低膜中的离子缺陷浓度，从而有效降低 Ti 离子的活度、阻碍 Ti 离子向外扩散，抑制了高温氧化过程中 TiO_2 的生成，因此使氧化过程变慢，有利于改善合金的抗氧化性能。

② Cr 元素的影响。Cr 元素对钛基合金高温氧化性能的影响，已有很多学者对此做过研究。唐兆麟、王福会[14]就指出，当 Cr 的加入不足以形成 Al_2O_3 膜时，Cr 以掺杂作用为主，使合金的抗氧化性能降低；当 Cr 的加入可以促使形成 Al_2O_3 膜时，将大大提高合金的抗氧化性能。即 Cr 对钛基合金的高温氧化性能具有双重作用：一是 Cr 降低了热力学上形成 Al_2O_3 膜所需的最低 Al 含量，促使了合金表面保护性 Al_2O_3 膜的形成；二是增加氧空穴的浓度，加速了 TiO_2 的生长。

③ Mo 元素的影响。Mo 元素是一种改善室温延展性及高温抗氧化性的有益元素。Mo 元素能增加氧化层中铝的含量是因为 Mo 本身存在于氧化层/金属界面的金属相内，而且可以引起氧溶解度降低，从而增加向氧化层扩散的 Al 的数量。添加了 Mo 的钛基合金能通过阻止内部 TiO_2 的形成而改善其抗氧化性。

10.6　抗热震、热疲劳测试

传统的陶瓷/金属直接结合体（非梯度材料）极易因界面热应力而剥离失效。

成分呈梯度变化的金属陶瓷梯度材料是针对高温、热循环和大温度落差的工作条件而开发的，所以研究 FGL 与层状非梯度材料（N-FGL）的抗热疲劳和抗热震性，研究其热震失效机理，进一步考察 FGL 的热应力缓和特性有十分重要的意义。

据日本工业标准 JISH 8666—1990，抗热震实验采用 2kW CO_2 激光器为热源，FGL 和 N-FGL 试样尺寸为 10mm×10mm，样品表面温度采用 PT300E（工作范围：500～3000℃）红外测温仪测量，调整光斑的大小为 10mm×10mm，调整激光功率范围为 1000～1500W，将样品在 8s 内迅速加热到要求温度 1040℃，然后迅速放入 20℃ 的冷水中，冷却 15s（图 10-40），循环加热冷却直至材料出现裂纹。

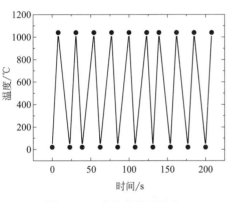

图 10-40　抗热震测试方法

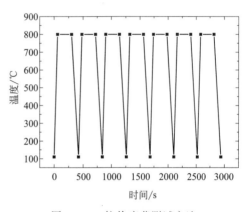

图 10-41　抗热疲劳测试方法

根据日本工业标准 JISH 8666—1990，热疲劳实验采用整体加热、压缩空气冷却的热循环方式进行。试样尺寸为 10mm×10mm，2kW CO_2 激光器为热源，调整光斑的大小为 10mm×10mm，调整激光功率范围为 600～800W，在加热的同时，样品背部以压缩空气冷却，从而形成强烈的温度梯度。当保温程序结束时，开光栅关闭激光，样品背部及正面以压缩空气冷却。样品表面和背部温度均采用红外测温仪测量，如此反复直至涂层剥落失效（图 10-41）。

表 10-12 列出了 FGL 和 N-FGL 的抗热疲劳及抗热震实验结果。在 1020℃ 温差和急冷条件下，FGL 和 N-FGL 发生热震开裂而形成表面网状裂纹，如图 10-42 所示。

表 10-12　FGL 和 N-FGL 的抗热疲劳与抗热震实验结果

项目	试验条件				FGL		N-FGL	
	温度区间/℃	冷却方式	升温时间/s	冷却时间/s	循环次数	结果	循环次数	结果
抗热震	20～1040	冷水	10	15	10	可见裂纹	3	可见裂纹
抗热疲劳	110～800	压缩空气	60	120	30	可见裂纹	30	局部剥落

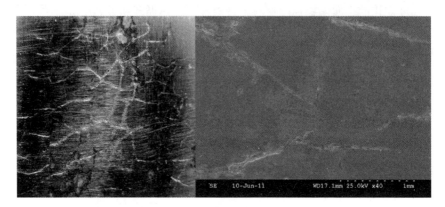

图 10-42　热震试样表面网状裂纹

　　图 10-43 为 FGL 和 N-FGL 抗热震性能测试后的截面形貌。可见，FGL 经 10 次热震后才出现裂纹但整个试样没有发生层间开裂，而 N-FGL 经 3 次热震后截面就出现了裂纹，且裂纹沿层间扩展。裂纹起源于富 TiC 陶瓷相一侧，并沿着应力或者温度的等值线（垂直于板面）向基体扩展，弯曲并分叉。这说明材料成分组成的梯度化，使金属和陶瓷性能得到了良好的过渡，大大提高了层间的热应力缓和作用，增加了层间结合强度，避免了因剧烈的热冲击而造成层间的瞬间开裂。

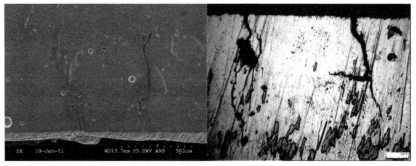

(a) FGL的横截面　　　　　　　　　　　(b) N-FGL的横截面

图 10-43　FGL 和 N-FGL 抗热震性能测试后的截面形貌

　　图 10-44 为 FGL 和 N-FGL 抗热疲劳测试后的截面形貌。可见，FGL 经 30 次循环后才出现裂纹，且在 FGL 与基体的结合处开始出现层间开裂。N-FGL 经 30 次循环，局部发生涂层与基体的机械失稳剥落，剥离面凸凹不平。这是因为在热循环过程中的交变热应力作用下，Ti/TiC 相界面和原气孔处逐渐开裂形成微孔，微孔进一步聚集，连接形成热疲劳裂纹，随后热疲劳裂纹以准静态方式扩展，直至失稳剥落。这也说明通过成分与性能的过渡可以克服传统陶瓷/金属直

接结合界面的热应力引起的开裂问题，体现出 FGL 对应力的有效缓和作用。

(a) FGL的横截面　　　　　　　　　(b) N-FGL的横截面

图 10-44　FGL 和 N-FGL 抗热疲劳测试后的截面形貌

涂层的抗热震性能取决于涂层中热应力的大小、颗粒之间的界面结合强度及涂层与基体的结合强度。在抗热震实验条件下，由于 Ti、TiC 和 Ti600 基体的热膨胀系数不相同，导致在涂层的各部分内部形成热应力（第 1 类热应力），并在结合界面上形成应力集中。同时还要考虑在热震过程中材料内的温度梯度造成的宏观热应力（第 2 类热应力）作用。梯度涂层的成分呈梯度化分布，克服了富陶瓷表面层与金属底层间的物理性质突变现象，缓和了涂层中的热应力及界面应力集中，因此其抗热震性能得以显著提高。

参考文献

［1］　董奇志 . 激光熔覆 Ni 基内生 TiC 强化复合熔层的研究［D］. 吉林工业大学硕士学位论文，2000.

［2］　王金友，葛志明，周彦邦 . 航空用钛合金［M］. 上海：上海科学技术出版社，1985：7.

［3］　蔡健平，刘明辉，张晓云 . 钛合金脉冲阳极氧化膜抗电偶腐蚀性能及机理［J］. 材料保护，2009，42(3)：15-17.

［4］　姜应律，吴荫顺 . 钛合金 TC4 塑性变形后在 3% NaCl 溶液中的交流阻抗谱［J］. 北京科技大学学报，2004，26(6)：616-620.

［5］　陈军，胡耀君，刘果宗，等 . β 稳定元素对钛合金在 3.5% NaCl 溶液中电化学特性的影响［J］. 中国有色金属学报，1998，8 增(2)：328-332.

［6］　姜应律，吴荫顺 . 利用极化曲线推测中性水溶液中钛合金表面的氧化还原反应机理［J］. 北京科技大学学报，2004，26(4)：395-399.

［7］　朱日彰 . 高温腐蚀及耐高温腐蚀材料［M］. 1993.

［8］　Lu Jian-shu(卢建树). Corrosion of titanium in phosphoric acid at 250℃［J］. Science Direct，2009(19)，552-556.

［9a］　Bornstein N S. Trans. AIMF. 1969：245：583.

［9b］　Goebel J A. Met. Trans. 1970：1：1943.

［9c］　Quets J M. Mater. 1969：4：583.

［10］ 崔文芳，等 . 氧在 Ti-1100 高温铁合金氧化中的扩散规律［J］. 东北大学学报，1998，(1)：19-22.

［11］ Gurappa I. Protection of titanium alloy components against high temperature corrosion［J］. Materials Science and Engineering，2003(A356)：372-380.

［12］ Hung Hoon Kim，Jun Ho Kim，et al. High-temperature oxidation behavior of zircaloy-4 and zirlo in steam ambient［J］. J. Mater. Sci. Technol，2010，26(9)：827-832.

［13］ 刘治华 . Ti-Al 系金属间化合物合金高温氧化性能及其防护涂层研究［M］. 北京工业大学硕士学位论文，2004.

［14］ 唐兆麟，王福会 . Cr 对 Ti-Al 金属间化合物高温氧化性能的影响［J］. 金属学报，1997，33(10)：1028-1033.

控性修理篇——激光定向凝固控性修理技术

第 **11** 章

绪 论

在航空发动机结构中，由于涡轮叶片属于载荷最复杂、条件最恶劣的零件而被列为第一关键件，堪比"王冠上的明珠"，其性能水平已然成为一种型号发动机先进程度的重要标志，在一定意义上，也是衡量一个国家航空工业水平的显著标志[1]。

定向凝固技术是铸造涡轮叶片熔铸工艺发展中的重大举措。20 世纪 60 年代中期，美国 PW 公司的 F. L. Varsnyder 推出了高温合金定向凝固技术，使合金的晶粒沿热流流失方向定向排列，基本消除垂直于应力轴的薄弱的横向晶界[1]。采用定向凝固技术制作出的高温合金具有较高的高温强度、抗蠕变和持久性能、热疲劳性能、塑性以及良好的振动阻尼效果；用其制作的涡轮叶片和导向叶片比普通的精密铸造叶片具有更强的力学性能。

20 世纪 70 年代，美国先后在军用、民用发动机上使用定向凝固叶片，从此，定向凝固叶片成为各类先进发动机的重要标志。美国的 Howmet 公司、GE 公司、PCC 公司、Allison 公司以及英国的 R&R 公司、法国的 CNECMA 公司、俄罗斯的 SALUT 发动机厂等都大量生产、使用定向凝固涡轮叶片[2]。我国定向凝固叶片的研究起步于 20 世纪 60 年代后期。北京航空材料研究院研制的 DZ4 合金大批用于某型号发动机的涡轮叶片和导向叶片，并投入航线使用。迄今，我国已研究成功定向凝固合金 10 多个牌号，并分别用于各种先进航空发动机。

定向凝固叶片的优点显而易见，但因其明珠般的地位而价格昂贵；在使用过程中，定向凝固叶片也会与其他方法制造的叶片一样因工作介质的作用而产生结构局部缺损。因此，寻求最经济的技术方法恢复损伤定向凝固叶片的外形，保证叶片的重复利用是国内外航空发动机研究与使用领域重视的一个研究方向。攻克定向凝固高温合金叶片修复技术可以实现定向凝固叶片的重新利用，不但可节省大量的资源消耗，缩短维修周期，而且可扭转先进国家封锁高性能涡轮叶片相关技术的被动局面。

非定向凝固的涡轮叶片在冲蚀、磨损后可以通过传统的修复（或称再制造）技术恢复其结构完整性和整体性能，较容易再次投入使用；而定向凝固叶片，修复损伤处时需要保证新铸造部分结晶方向与原来结晶方向吻合；也就是说，修复时不仅要接上"断肢"还要保证"血脉"同样顺畅。否则，新修复的部分即便是看上去和原来的叶片融为一体，但在高温强受力的环境下也会和本体骨肉分离。

定向凝固高温合金的铸造组织晶粒粗大，合金元素偏析严重，沉淀强化合金元素（Al，Ti 等）含量高；常规的修复方法堆焊过程中热输入量较大，叶片的热影响区极易出现热裂纹；同时高热输入使叶片局部发生重熔再结晶，从而破坏叶片的定向凝固特性，影响使用寿命。因此，利用传统的工艺方法难以较好地完成定向凝固叶片的修复。

激光熔覆技术具有局部加热和低热输入量等优点，同时激光熔覆超高的温度梯度有利于材料的定向凝固生长[3]，因此，激光熔覆技术较传统修复技术而言，更有利于实现定向凝固叶片的良好修复。

11.1 定向凝固的晶体学原理

晶体的生长受很多因素的影响，其中包括动力学因素（如表面能和体积能），热力学因素（如热传导）和结晶学因素（如晶体生长的几种模型）[4]，这三种因素共同影响着晶体的生长，只是在不同条件下，其主导地位不同，从而影响着晶体的不同生长形态和方向。

从宏观角度来研究定向凝固固-液界面生长，廖世杰老师已经从温度场的角度提出了比较精确的理论模型，建立了温度梯度 G_L、生长速度 V 和凝固速率 R 之间的数学关系，可以很好地解释一系列凝固现象[5]。

$$\frac{\partial G}{\partial \tau} = -R \frac{\partial G}{\partial x} \tag{11-1}$$

$$\frac{\partial^2 T}{\partial \tau \partial x} = -R \frac{\partial^2 T}{\partial x^2} \tag{11-2}$$

式中，设凝固时间为 τ，凝固铸锭的距离在凝固时间为 0s 时为 0，在 τ s 时为 x。设固-液界面处金属温度随凝固时间 τ、凝固距离 x 而变化，即温度 T 是 τ 和 x 的函数 $T = T(x, \tau)$。偏微分方程的解就是固-液界面的温度场：

$$T = B_1 \exp(B_2 x + B_3 \tau) + B_4 \tag{11-3}$$

式中，B_1、B_2、B_3、B_4 为待定系数。

固-液界面凝固热参数可以通过温度场方程确定，热参数和温度场间的关系为：

$$G = B_1 B_2 \tag{11-4}$$

$$V = B_1 B_3 \tag{11-5}$$

$$R = -B_3 / B_2 \tag{11-6}$$

$$T = B_1 + B_4 \tag{11-7}$$

研究人员在大量实验中，通过对胞状界面、枝晶界面和平面界面的对比研究，已明确得到控制温度梯度 G_L、生长速度 V、凝固速率 R 和不同的界面形态及结晶组织[6]的关系。

$$\beta = G \cdot R = \frac{T_L - T_S}{l} \cdot \frac{l}{\Delta \tau} = \frac{T_L - T_S}{\Delta \tau} \tag{11-8}$$

式中，T_L 为液相线温度；T_S 为固相线温度；$\Delta\tau$ 为局部凝固时间；l 为固-液相线温度差所经距离；β 为冷却速度。

D. Walton 在文献[7]中指出枝晶轴的生长方向可以决定定向结晶轴的方向，因此，我们可以通过控制结晶参数，生长出较好的枝晶组织来获得比较理想的定向凝固组织。但是定向凝固生成的晶体组织，不仅某一晶向沿特定方向排列，晶面也会沿特定原子界面有序排列。因此研究枝晶沿定向结晶方向凝固生长的同时，还要兼顾晶面的生长。从结晶学方面来考察，晶面的生长是沿定向凝固方向一层一层地堆积，晶体是以其结构基元为单位，沿某特定的方向生长的。定向凝固就是通过这种手段，强制性地使枝晶沿凝固方向生长，在外加一个特定的温度场的情况下，使原子的生长沿温度梯度方向的同时，原子面也沿某一面排列。

基于上面定向凝固的晶体学原理，要获得比较理想的定向凝固晶体组织，有必要在实验工艺方面进行探索。金属或合金熔体在凝固过程中，为了达到单一方向生长成为柱状晶，在工艺方面必须满足两个条件[8]：一是凝固过程中使固-液界面保持平面，并在界面前沿保持足够高的温度梯度，而且最好让温度梯度与柱状晶生长速度的比值足够大；二是未凝固的液体有足够的过热度，以避免型壁形核，从而避免形成等轴晶。这两个条件与等轴晶形成的两种机理，即"成分过冷学说[9]"和"晶体游离学说[10]"有关。

11.2　定向凝固界面形态

定向凝固界面形态决定了微观组织的演化和相的选择规律。在结晶过程中，不同的结晶参数（温度梯度 G_L、生长速度 V、成分 C_o）形成不同的界面形态。为了分析定向凝固合金在定向凝固过程中相的选择，利用单相合金的界面响应函数，借助最高界面温度生长判据和成分过冷理论进行分析。

虽然单相合金不存在相的选择现象，但是对成分一定的合金，在给定的温度梯度下，随生长速度的增加，界面形态将发生一系列变化[11]：平面晶→胞状晶→胞状枝晶→树枝晶→细化胞状晶→带状→平面状，这一界面形态的演化规律是，界面形态由低速下的平界面生长向高速生长的绝对稳定状态转变。

在定向结晶条件下，界面形态的选择遵循的是具有较高生长温度的界面形态在具备正向温度梯度的熔体中占据较为靠前的位置，因而主导整个生长过程，成为具备动力学优势的生长形态。因此，界面形态的这一演化过程可用界面响应函数 $IRF(V)$ 来描述[12]：

$$IRF(V) = \max[T_p(V), T_{c/d}(V)] \tag{11-9}$$

此函数是生长速度 V、温度梯度 G_L 和成分 C_o 关于界面温度 T_p 的函数。

单相合金以平界面生长时对应的界面温度为 T_p，即：

$$T_p(V) = T_m + C_1^* m_v - (R_g T_m / \Delta S_f) V / V_o \tag{11-10}$$

式中，T_m 是该相的熔点温度；C_1^* 是界面处液相的成分；m_v 是生长速度对应的液相线斜率；R_g 是气体常数；ΔS_f 是摩尔熔化熵；V 是生长速度；V_o 是结晶度；在稳定状态下，$C_1^* = C_o / k_v$，k_v 是与速度对应的非平衡的熔质分配系数。

根据 KGT 模型，当 $G_L = 0$ 时，枝晶生长的界面温度为：

$$T_d^0 = T_m - \Gamma K + C_1^* m_v - (R_g T_m / \Delta S_f) V / V_o \tag{11-11}$$

式中，Γ 是 Gibbs-Thomson 系数；K 是枝晶尖端的曲率（$K = R/2$，R 是枝晶尖端的半径）。当 $G_L \neq 0$ 时，胞/枝晶生长的界面温度为：

$$T_{c/d} = T_d^0 - \Delta T_c \tag{11-12}$$

$$\Delta T_c = G_L D_L / V \tag{11-13}$$

式中，ΔT_c 是低速生长条件下胞状的尖端过冷度。

晶体定向凝固成形技术所希望获得的理想结晶组织是沿凝固方向整齐排列的柱状晶组织，这种组织具有无侧向晶界、柱状晶间的间距细小的特点。而要获得这一理想组织，固-液界面形态的控制是极其重要的。

固-液界面的稳定性对晶体定向生长组织的控制是一个重要的问题。在单相合金的晶体定向生长过程中引入了成分过冷理论，它成功地判断无偏析特征的平面晶体生长条件，避免包晶或枝晶的生成。随着晶体生长速度的提高，又提出了界面稳定性理论，它同样成功地给出了判断在晶体快速生长条件下的平面凝固条件。这对于控制固-液界面的形态具有重要的意义。

根据成分过冷理论，为保持晶体生长时固-液界面的平直，固-液界面液相侧的温度梯度 G_{TL} 和凝固速度 R，对于单相合金，必须满足[13]：

$$\frac{G_{TL}}{R} \geqslant -\frac{m_L C_S^* (1 - k_0)}{k_0 D_L} \tag{11-14}$$

式中，m_L 为液相线斜率；C_S^* 为界面固相中的溶质浓度；k_0 为平衡溶质扩散系数；D_L 为液相中的扩散系数。

而对于多相合金（如共晶、偏晶），保持平界面晶体生长的条件是：

$$\frac{G_{TL}}{R} \geqslant -\sum_{i=1}^{n} \frac{m_{Li} C_{Si}^* (1 - k_i)}{k_i D_{Li}} \tag{11-15}$$

式中，n 为合金的相数；m_{Li} 为第 i 液相线斜率；C_{Si}^* 为界面第 i 固相中的溶质浓度；k_i 为第 i 相平衡溶质扩散系数；D_{Li} 为第 i 液相中的扩散系数。

由此可见，为保证晶体定向凝固时固-液界面的平直，获得理想的晶体定向组织，固-液界面液相侧的温度梯度 G_{TL} 和晶体凝固速度 R 是两个重要的控制参数。G_{TL} 越大可允许的晶体凝固速度 R 也就越大。

以下三个特征长度会对晶体定向凝固后的组织产生影响[14]。

① 熔质扩散长度 l_s

$$l_s = \frac{D}{R} \qquad (11\text{-}16)$$

式中，D 为扩散系数；R 为晶体凝固速度。

② 热扩散长度 l_T

$$l_T = \frac{\Delta T_0}{G_{TL}} \qquad (11\text{-}17)$$

式中，ΔT_0 为平衡凝固温度区间；G_{TL} 为固-液界面液相侧的温度梯度。

③ 毛细管长度 l_c

对纯金属：

$$l_c = \frac{\Gamma_{Cl}}{\Delta h} \qquad (11\text{-}18)$$

式中，Γ_{Cl} 为液相的熔质热容；Δh 为金属的凝固潜热。

对合金：

$$l_c = \frac{\Gamma}{\Delta h_0} \qquad (11\text{-}19)$$

式中，Γ 为 Gibbs Thomoson 数，界面能和相变体积熵之比；Δh_0 为金属的凝固温度间隔。

组织的特征长度 l_i 可用式（11-20）表示：

$$l_i = A(l_T)^a (l_s)^b + (l_c)^c \qquad (11\text{-}20)$$

式中，A 为比例常数。

$$a + b + c = 1 \qquad (11\text{-}21)$$

式（11-20）中的比列常数 A，对热作用生成的枝晶 $A = (2/\sigma^*)^{1/2}$，对熔质作用生成的枝晶 $A = (k/\sigma^*)^{1/2}$。在上述两个公式中又引入了一个十分重要的参数 σ^*，称为枝晶尖端选择参数，在晶体低速生长时它可分别表示为：

① 由热扩散控制的情况（σ_t^*），当固相热导率 λ_s 与液相热导率 λ_L 相等时，

$$\sigma_t^* = R r_t^2 \left(\frac{\Delta h / c_L}{2\Gamma a_L} \right) \qquad (11\text{-}22)$$

式中，R 为晶体凝固速度；r_t 为枝晶尖端半径；c_L 为液相质量热容；a_L 为液相扩散系数。

② 由熔质扩散控制的情况（σ_s^*），当固相扩散系数 D_S 远远小于液相扩散系数 D_L 时，有：

$$\frac{1}{\sigma_s^*} = R r_t^2 \left(\frac{k \Delta T_0}{2\Gamma D_L} \right) \qquad (11\text{-}23)$$

对某一合金系统，σ^* 是常数，值约在 0.025。

11.3 定向凝固合金的微观组织及形成机理

Boettinger[15] 首先报道了 Sn-Cd 合金在低速下带状组织的形成,并且应用成分过冷理论对凝固过程中带状组织的形成加以解释。Trivedi 提出了一个液相纯扩散条件下的带状组织形成的理论模型[16],如图 11-1 所示。在定向凝固过程中,随初生相的形核生长,不断地排出熔质,形成熔质边界层,随凝固的继续进行,界面处液相中的熔质浓度逐渐增加,导致界面温度降低;当系统温度达到包晶温度 T_p 时,初生相还未达到稳态,随温度的继续降低,初生相继续凝固并向稳态发展,从而使液相不断地富集,当界面前沿液相成分达到 C_1^M,在界面处的成分过冷,满足包晶相的形核需求(ΔT_N^β),则包晶相在初生相的界面前沿形核生长;随包晶相的生长,排出的熔质浓度减小,并且使界面温度升高,倾向于达到高于 T_p 的稳定界面温度,当界面处浓度为 C_1^M 时,满足了初生相的形核过冷度(ΔT_N^α),使它再次形核生长,这样周而复始,就形成了平界面生长的交替带状组织,并把带状组织的形成区间定义在亚包晶成分范围内。

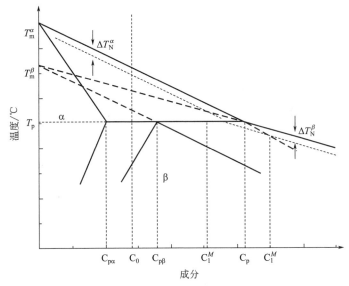

图 11-1 典型的包晶合金相图及带状组织形成示意图

在 Sn-Cd 和 Fe-Ni 合金的凝固中发现了岛屿带状组织[17]。岛屿带状组织是初生相部分包裹包晶相,两相出现了竞相生长。在凝固过程中初生相首先形核生长,如果排出的熔质在界面前沿的富集达到形核所需的过冷度,则包晶相在侧壁、液相和初生相三相交界处形核,其生长方向垂直于初生相的生长方向,而此时的初生相与定向凝固方向一致。两相在生长过程中同时排出熔质,它们的相对生长速度由两相界面前沿排出的熔质浓度决定。

定向凝固过程由于对流的存在而使凝固组织变得更加复杂，同时强流动还影响定向效果。这是因为在定向凝固过程中对流的存在引起界面处熔质浓度的波动，从而导致了组织的波动。同时，流动影响熔质边界层的厚度，流动越强，熔质边界层的厚度越小，从而影响包晶合金凝固过程中熔质的分配系数。

11.4 晶粒定向生长理论计算

对于枝晶生长，由于其择优生长方向与固-液界面前进方向不一定完全一致。Rappaz[18]得出枝晶尖端沿特定晶向的生长速度 V_{hkl} 为：

$$|V_{hkl}| = |V_b| = \frac{\cos\theta}{\cos\psi_{hkl}} \tag{11-24}$$

式中，ψ_{hkl} 为熔体表面的法向方向与 $[hkl]$ 方向之间的夹角，如图 11-2 所示。

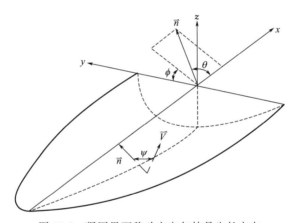

图 11-2 凝固界面移动方向与枝晶生长方向

这样，通过式（11-24）可以得到实际枝晶生长方向与激光束方向的关系。$\cos\psi_{hkl}$ 与 $[hkl]$ 晶向在 x、y、z 三个方向的分量之间的关系：

$$\cos\psi_{hkl} = \vec{u}_{hkl} \cdot \vec{n} = u_x\cos\theta + (u_y\cos\phi + u_z\sin\phi)\sin\theta \tag{11-25}$$

式中，ϕ 为 $\vec{n}$ 与 y 轴之间的夹角；n 为凝固界面速度方向。

激光熔覆在熔池底部的温度梯度最大，估计可达 5000K/mm。杨森等[19]利用式（11-16）得到生长速度，并根据一次枝晶间距与 G_L 和 V 之间的关系式，通过测定 Al-Cu 合金的枝晶参数，得到的温度梯度为 （3.29~6.57） $\times 10^3$ K/mm。由于熔池底部温度梯度高，因此可以形成明显的定向凝固组织。

研究者对于激光熔凝的温度分布也进行了大量研究。由于激光熔池体积小、移动速度快，所以对激光束与材料相互作用过程中熔池温度场信息很难直接测量。国内外普遍采用传热计算的方法来获得激光熔池中温度分布的信息。杨森等利用激光快速凝固过程中，熔池沿扫描道中心对称的特点，在保证计算精度的前提下，建立了计算熔池纵截面温度场的二维数值模型。

激光熔覆熔池区的温度梯度如图 11-3 所示。一般在靠近熔合区的熔池底部是垂直于基体表面外延生长的树枝晶，熔覆层上部是细小的等轴晶。这是因为凝固组织生长形态主要由固/液界面稳定因子（G_L/R）决定。而激光熔覆是快速加热与快速凝固的过程，其靠近熔合区垂直于熔合线方向的温度梯度很大，柱状晶沿温度梯度的方向生长，所以凝固组织有明显的方向性；随着固-液界面向熔覆层顶部的推进，液相中的温度梯度不断变小，结晶前沿的熔质富集造成成分过冷度增大；同时由于表面张力梯度造成熔池的流动，一些杂质上浮作为异质形核核心，成核质点数目比刚开始结晶时有很大的提高，提高了形核率，因此熔覆层的近表面以细小树枝晶和部分等轴晶为主。

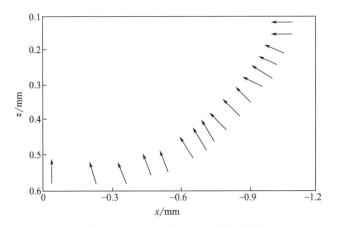

图 11-3 熔池纵截面固-液界面上的温度梯度分布图

11.5 快速定向凝固技术

在常规的凝固条件下，冷却速度不会超过 $10^2\,K/s$。由于在快速凝固条件下，体系将远离平衡态，出现固溶度扩大、亚稳晶态相的形成、超细组织、直至得到非晶态等一系列新的物理现象。与此同时，材料微观组织的均匀性也得到明显提高。

快速定向凝固是指熔体在正温度梯度下实现的快速凝固，通常利用激冷技术实现。在研究层面，快速定向凝固是研究远离平衡条件下凝固体系的界面特征、生长尺度变化等一系列科学现象的重要手段。在应用领域，快速定向凝固用于制备带材（如单辊激冷）和块体材料（如激光熔凝）。

在金属或陶瓷的表面层通过快速重熔可以实现快速凝固。由于通过基体蓄热和导热，因此这种方法称为自淬火，其特点是熔体与基体具有非常良好的接触，可以实现高达 10^{10} K/s 的冷却速度。表面重熔主要通过激光和电子束进行。

由于合金往往存在很大的结晶温度间隔，在低温度梯度下则不能实现定向凝固，故获得高的温度梯度就成为金属材料定向凝固技术追求的目标。

自20世纪60年代第一台激光器发明以来，激光由于具有高方向性、高亮度、高单色性和高相干性等优良品质而被广泛应用于各个领域；也正是由于这些特性，激光成为理想的加工热源。金属材料在高功率密度激光的照射下会快速升温、熔化，甚至瞬间汽化。应用激光不同的功率密度和加热时间，就可实现表面热处理、表面重熔、合金化、熔覆、焊接、切割、打孔、表面冲击强化等加工目的。激光加工技术在机械零件修复领域已被广泛应用，并取得了显著的经济效益和社会效益。

将高功率的激光束聚焦于材料表面将其熔化，通过激光束在材料表面的扫描速度实现不同的冷却速度。激光表面重熔的熔化区、凝固区的形状及导热条件如图 11-4 所示[20]。激光束沿 V_b 方向移动，并形成一个液相区。其前部为熔化区，后部为凝固区。当试样材料给定后，熔池的深度 D 由激光束的辐射能流率 P 和扫描速度 V_b 决定，即：

$$D = \beta P^{1/2} V_b^{\gamma} \tag{11-26}$$

式中，β 和 γ 为常数，与材料性质有关。对于易氧化的试样，必须加氮气、氩气等辅助气体加以保护。

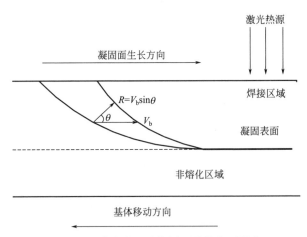

图 11-4　激光表面重熔原理及熔化区形状

激光快速熔凝具有下列特征：激光熔池中的液相与自身固相接触，可实现外延生长，凝固不涉及形核过程；熔池在凝固过程中同基体紧密接触，不存在不同介质之间的界面热阻，因此可以实现比单辊等激冷技术更大的冷却速度；能准确地建立凝固速度与相关参数之间的关系。在凝固区内，凝固速度，即界面移动速度 R_n 与激光束扫描速度 V_b 之间的关系由下式给出：

$$|R_n| = |V_b|\cos\theta \tag{11-27}$$

R_n 和 V_b 之间的夹角 θ 定义为凝固方向角，它在凝固深度方向上的变化决定了熔池的形状和熔池不同深度处的凝固速度和凝固方向。在熔池的底部 $\theta \rightarrow 90°$，因而凝固速度 $R \rightarrow 0$。在熔池表面的位置 θ 最小，其凝固速度最大。在熔池的底部，R 很小但是温度梯度很大，凝固易于以平面方式进行并可获得无偏析的凝固组织。而在熔化区的上部由于凝固速度的增大易于形成胞晶组织。因此，激光熔覆定向凝固过程是从熔池底部到顶部定向凝固，从熔池底部到顶部温度梯度和凝固速度是不断变化的，且二者不能独立控制；同时，凝固组织是从基体外延生长的，界面上不同位置的生长方向是不相同的。

利用激光快速熔凝方法可以在试样表面的一定深度范围内实现与 Bridgeman 法相似的超高温度梯度晶体快速定向生长，其温度梯度可高达 $10^6\,\mathrm{K/mm}$，速度可高达 $24\,\mathrm{mm/s}$，冷却速度较区熔液态金属冷却法大大提高。

利用激光作为热源来实现类似于 Bridgman 法的超高温度梯度快速定向凝固，需要解决两个问题：熔覆层与基体形成良好的冶金结合，以保证修复后的叶片达到再利用的要求；必须保证熔池具有一定深度（形状），以获得连续的定向凝固组织，并且有利于较大面积损伤的修复。

热流控制是晶体定向生长成形技术的重要环节，因此，获得并保持单向热流是晶体定向生长成形技术的重要保证。根据成分过冷理论[21]，要使合金定向生长获得平界面的结晶组织，主要取决于合金的性质和工艺参数的选择。前者包括熔质的数量、液相线斜率和熔质在液相中的扩散系数；后者包括温度梯度和凝固速度。如果合金成分已定，则工艺参数是控制凝固组织的唯一手段，而其中固-液界面液相一侧的温度梯度又是最为关键的。因此，可以说晶体定向生长成形技术的发展历史是不断提高温度梯度的历史。大的温度梯度一方面可以得到理想的合金凝固组织和性能，另一方面可以允许加快凝固速度，提高效率。

参考文献

[1]　Sexton L, Lavin S, Byme G, et al. Laser cladding of aerospace materials [J]. Journal of Materials Processing Technology, 2002, 122(1): 63 - 68.

[2]　陈荣章，余力，张宏炜，等.DZ125 定向凝固高温合金的研究 [J]. 航空材料学报，2002, 20(4): 14-19.

[3]　林鑫，李涛，王琳琳，等. 单相合金凝固过程时间相关的界面稳定性(1)理论分析 [J]. 物理学报，2004, 53(11): 3979-3983.

[4]　Wilson B C, Cutler E R, Fuchs G E. Effects of solidification parameters on the microstructures and properties of CMSX-10 [J]. Materials Science & Engineering A, 2008, (479): 356-364.

［5］ Liao S, Han Y. A study of heat parameters during bi-directional solidification ［J］. Science and Technology of Advanced Materials, 2001, (2): 281-284.

［6］ Jendrzejewski R, Sliwinski G, Krawczuk M, et al. Temperature and stress fields induced during laser cladding ［J］. Computers and Structures, 2004, 82(7-8): 653-658.

［7］ Walton D, Chalmfers B. The origin of the preferred orientation in the columnar zone of ingots ［J］. Trans. Meta. Society. AIME, 1999: 447-456.

［8］ Pelletier J M. Microstructure and mechanical properties of some metal matrix composites coatings by laser cladding ［J］. Journal De Physique, 2004, 4(4): 93-96.

［9］ Ohno A, Motegi T, Soda H. Origin of the equiaxed crystals in castings ［J］. Trans ISIJ, 2001 (1): 11-18.

［10］ Ohno A, Motegi T. Solidification behavior of superalloy IN939 in metl spinning ［J］. AES International Cast Metals Journal, 2007, (28): 123-128.

［11］ 刘畅, 苏彦庆, 李新中. Ti-(44-50)Al 包晶合金定向凝固过程中组织演化 ［J］. 金属学报, 2005, 41(3): 260-266.

［12］ Umeda T, Okane T, KurzW. Phase selection during solidification of peritectic alloys ［J］. Acta Mater, 2006, 44(10): 4209-4216.

［13］ 石德珂. 材料科学基础 ［M］. 北京: 机械工业出版社, 2003: 88-92.

［14］ 常国威. 金属凝固过程中的晶体生长与控制 ［M］. 北京: 冶金工业出版社, 2002: 123-132.

［15］ Boettinger W J. The structure of directionally solidified twophase Sn2Cd peritectic alloys ［J］. Metallurical Transactions, 1984, (5): 2023-2031.

［16］ 李新中, 郭景杰, 苏彦庆, 等. 定向凝固包晶合金带状组织的形成机制及相选择: Ⅰ 带状组织的形成机制 ［J］. 金属学报, 2005, 41(8): 593-598.

［17］ Han g m, Yu j j, Sun y l, et al. Anisotropic stress rupture properties of the nickel-base single crystal superalloy SRR99 ［J］. Materials Science and Engineering A, 2010, 527(21-22): 5383-5390.

［18］ Rappaz M, David S A, Vitek J M. The influence of particle motion on ostwald ripening in liquids ［J］. J Eur Ceram Soc, 2002, (22): 191-198.

［19］ 杨森, 黄卫东, 刘文今, 等. 激光超高温度梯度快速定向凝固研究 ［J］. 中国国激光, 2002, 29 (5): 475-479.

［20］ Bergeon N, Trivedi R, Billia B, et al. Necessity of investigating microstructure formation during directional solidification of transparent Alloys in 3D ［J］. Adv. Space Res, 2005, 36 (1): 80-85.

［21］ Fang X, Fan Z. Microstructure of Zn-Pb immiscible alloys obtained by a rheomixing Process. ［J］. Materials Science and Technology, 2005, 21(3): 366-372.

第 **12** 章

定向凝固熔覆层柱状晶几何
参数的影响因素

——定向熔覆层形成条件之一

激光工艺参数对熔覆层组织的生长方向起至关重要的作用。工艺参数的选择要综合考虑其对基体材料、熔覆粉末、熔覆层组织及性能的影响。只有在合适的工艺参数作用下，才有可能得到组织性能理想的定向凝固生长的熔覆层。

在基材上进行激光熔覆实验，想要获得晶体组织呈定向生长的熔覆层有两个先决条件：一是基体部分重熔，以保证熔覆层与基体之间的外延生长；二是避免在激光熔池的液体中出现新的形核及满足等轴晶生长的条件。工艺参数通过影响熔池中的温度梯度和凝固速度来影响凝固组织，从而决定最终的晶体生长形态[1]。明确工艺参数各因素对柱状晶组织生长的影响规律，有利于工艺参数的优化和定向凝固组织的获得。

图 12-1 是定向凝固熔覆层横截面示意图。熔覆层中间近圆柱体为柱状晶组织区域，在熔覆层周边和顶部为非柱状晶组织区域。反映熔覆层形貌和定向凝固组织的几何参数有：柱状晶区域的直径 Y、高度 H、非柱状晶区域的横向宽度 y、纵向高度 h。Y、H 越大，说明熔覆层中柱状晶区域所占体积越大，越符合定向凝固的要求。

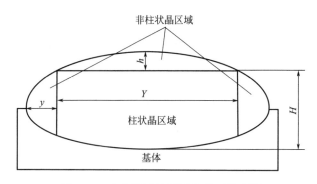

图 12-1　定向凝固熔覆层横截面示意图

熔覆层柱状晶区域为近圆柱体，所以柱状晶区域的体积 V_0 可以近似表示为：

$$V_0 = \pi Y^2 \cdot H/4 \qquad (12\text{-}1)$$

由式(12-1)可知，Y、H 决定熔覆层柱状晶区域的体积。因为 Y 取二次方，所以 Y 对柱状晶区域体积影响较大，H 次之。

单独改变工艺参数的各因素，研究工艺参数对熔覆层柱状晶几何参数的影响规律。测量在不同工艺参数作用下熔覆层的柱状晶几何参数，结合灰色理论，计算工艺参数与柱状晶几何参数的关联度。

12.1 扫描速度对柱状晶几何参数的影响

12.1.1 影响规律

图 12-2 为电流 $I = 120\text{A}$，脉宽 $S = 6\text{ms}$，频率 $H = 14\text{Hz}$ 时不同扫描速度的熔覆层截面形貌。扫描速度对熔覆层柱状晶几何参数的影响规律如图 12-3 所示。由图可知，工艺参数其他因素不变时，Y 在扫描速度 $V = 8\text{mm/s}$ 时取得最大值。当扫描速度增大时，Y 逐渐减小，并且 Y 减小的速率增大。H 与扫描速度呈反向变化。y 先减小再增大。h 与扫描速度变化趋势相同。当扫描速度超过 8mm/s 时，随着扫描速度的增大，Y、H 减小，h、y 增大，熔覆层中柱状晶区域体积减小，不利于获得定向凝固熔覆层组织。

12.1.2 关联分析

灰色系统理论是最近 20 年才发展起来的以系统分析、建模、决策、控制和评估为主要研究内容的数学技术体系，它研究的对象是一个信息不完全、关系不明确的由主行为与因子构成的系统，即一个灰色关联空间[2]。影响激光定向熔覆的工艺参数和熔覆粉末体系正是信息不完整、不充分的灰色系统。工艺参数的各因素（扫描速度 V、电流 I、脉宽 S、频率 H）对熔覆层柱状晶几何参数的影响构成了典型的灰色关联空间。熔覆粉末体系各合金元素的含量对熔覆层形貌和熔覆层性能的影响也符合灰色关联空间的定义。结合灰色系统理论，对工艺参数和熔覆粉末与熔覆层形貌和性能的关联度进行量化计算，为激光定向凝固工艺参数的优化和粉末体系的设计提供了新的分析方法。

灰色关联是指事物间的不确定关联，灰色关联分析的基本任务是基于因子间的影响程度或因子序列的微观或宏观几何接近来分析和确定因子间的影响程度。灰色关联度是序列之间联系之紧密程度的数量表征[3]。

定义：设 X_i 为系统因素，其在序号 k 上的观测数据为 $x_i(k)$，$k = 1, 2, \cdots, n$，则称

$$X_i = [x_i(1), x_i(2), \cdots, x_i(n)] \qquad (12\text{-}2)$$

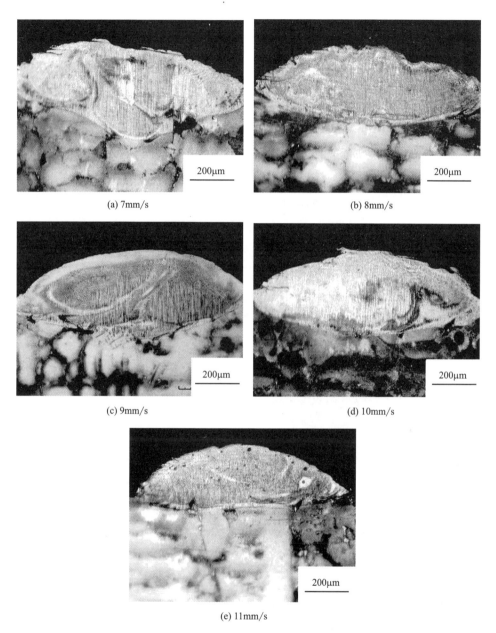

图 12-2 不同扫描速度的熔覆层截面形貌

为因素 X_i 的行为序列。

为保证建模的质量与系统分析的正确结果，对原始数据必须进行数据变换和处理，使其消除量纲，具有可比性。

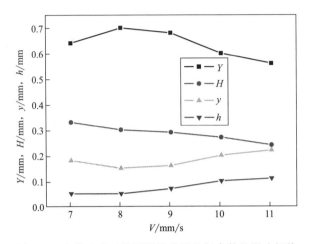

图 12-3　扫描速度对熔覆层柱状晶几何参数的影响规律

设有序列

$$x = [x(1), x(2), \cdots, x(n)] \qquad (12\text{-}3)$$

则称映射

$$f : x \rightarrow y \qquad (12\text{-}4)$$

$$f[x(k)] = y(k) \qquad (12\text{-}5)$$

为序列 x 到序列 y 的数据变换。其中 $k = 1, 2, \cdots, n$。

设 $X_i = [x_i(1), x_i(2), \cdots, x_i(n)]$ 为因素 X_i 的行为序列，D_1 为序列算子，且：

$$X_i D_1 = [x_i(1)d_1, x_i(2)d_1, \cdots, x_i(n)d_1] \qquad (12\text{-}6)$$

式中，$x_i(n)d_1 = x_i(k)/x_i(1)$；$x_i(1) \neq 0$；$k = 1, 2, \cdots, n$。

则称 D_1 为初值化算子，$X_i D_1$ 为 X_i 在初值化算子 D_1 下的像，简称初值像。

设 $X_i = [x_i(1), x_i(2), \cdots, x_i(n)]$ 为因素 X_i 的行为序列，D_2 为序列算子，且

$$X_i D_2 = [x_i(1)d_2, x_i(2)d_2, \cdots, x_i(n)d_2] \qquad (12\text{-}7)$$

式中，$x_i(n)d_2 = \dfrac{x_i(k)}{\overline{X_i}}$；$\overline{X_i} = \dfrac{1}{n}\sum\limits_{k=1}^{n} x_i(k)$；$k = 1, 2, \cdots, n$。

则称 D_2 为均值化算子，$X_i D_2$ 为 X_i 在均值化算子 D_2 下的像，简称均值像。

设 $X_i = [x_i(1), x_i(2), \cdots, x_i(n)]$ 为因素 X_i 的行为序列，D_3 为序列算子，且：

$$X_i D_3 = [x_i(1)d_3, x_i(2)d_3, \cdots, x_i(n)d_3] \qquad (12\text{-}8)$$

式中，$x_i(n)d_3 = \dfrac{x_i(k) - \min\limits_{k} x_i(k)}{\max\limits_{k} x_i(k) - \min\limits_{k} x_i(k)}$；$x_i(1) \neq 0$；$k = 1, 2, \cdots, n$。

则称 D_3 为区间化算子，$X_i D_3$ 为 X_i 在区间化算子 D_3 下的像，简称区间值像。

初值化算子 D_1、均值化算子 D_2 和区间化算子 D_3 皆可使系统行为序列无量纲化，且在数量上归一。

一般地，D_1，D_2，D_3 不宜混合、重叠使用，在进行系统因素分析时，可根据情况选用其中一个。

设系统行为序列：

$$X_0 = [x_0(1), x_0(2), \cdots, x_0(n)]$$
$$X_1 = [x_1(1), x_1(2), \cdots, x_1(n)]$$
$$\cdots\cdots\cdots\cdots\cdots\cdots\cdots\cdots$$
$$X_i = [x_i(1), x_i(2), \cdots, x_i(n)] \tag{12-9}$$
$$\cdots\cdots\cdots\cdots\cdots\cdots\cdots\cdots$$
$$X_m = [x_m(1), x_m(2), \cdots, x_m(n)]$$

对于 $\xi \in (0, 1)$，令：

$$\gamma[x_0(k), x_i(k)] = \frac{\min\limits_{i}\min\limits_{k}|x_0(k) - x_i(k)| + \xi \max\limits_{i}\max\limits_{k}|x_0(k) - x_i(k)|}{|x_0(k) - x_i(k)| + \xi \max\limits_{i}\max\limits_{k}|x_0(k) - x_i(k)|} \tag{12-10}$$

$$\gamma(X_0, X_i) = \frac{1}{n}\sum_{k=1}^{n}\gamma[x_0(k), x_i(k)] \tag{12-11}$$

式中，ξ 为分辨系数。一般来讲，分辨系数越大，分辨率越大。关联度是把各个时刻的关联系数集中为一个平均值，亦即把过于分散的信息集中处理[4]。

灰色关联度计算步骤：

① 求各序列的初值像（或均值像）。令：

$$X'_i = X_i / x_i(1) = [x'_i(1), x'_i(2), \cdots, x'_i(n)] \tag{12-12}$$

式中，$i = 1, 2, \cdots, m$。

② 求差序列。记：

$$\Delta_i(k) = |x'_0(k) - x'_i(k)| \tag{12-13}$$

$$\Delta_i = [\Delta_i(1), \Delta_i(2), \cdots, \Delta_i(n)] \tag{12-14}$$

式中，$i = 1, 2, \cdots, m$。

③ 求两极最大差与最小差。记：

$$M = \max\limits_{i}\max\limits_{k}\Delta_i(k) \tag{12-15}$$

$$m = \min\limits_{i}\min\limits_{k}\Delta_i(k) \tag{12-16}$$

式中，$k = 1, 2, \cdots, n$；$i = 1, 2, \cdots, m$。

④ 求关联系数：

$$\gamma_{0i}(k) = \frac{m + \xi M}{\Delta_i(k) + \xi M}, \xi \in (0,1) \tag{12-17}$$

式中，$k = 1, 2, \cdots, n$；$i = 1, 2, \cdots, m$。

⑤ 计算关联度：

$$\gamma_{0i} = \frac{1}{n} \sum_{k=1}^{n} \gamma_{0i}(k) \tag{12-18}$$

式中，$i = 1, 2, \cdots, m$。

运用灰色系统理论，计算工艺参数、合金元素与熔覆层柱状晶几何参数的关联度，合金元素与显微硬度、耐磨性能、拉伸性能的关联度，通过量化分析，得到工艺参数和熔覆粉末对熔覆层组织性能的影响规律。

当参考数列不止一个，被比较的因素也不止一个时，则需进行优势分析。利用灰色关联矩阵可以对系统特征或相关因素做优势分析。

定义：设 Y_i（$i = 1, 2, \cdots, s$）为系统特征行为序列，X_j（$j = 1, 2, \cdots, m$）为相关因素行为序列，则

$$\Gamma = (\gamma_{ij}) = \begin{bmatrix} \gamma_{11} & \gamma_{12} & \cdots & \gamma_{1m} \\ \gamma_{21} & \gamma_{22} & \cdots & \gamma_{2m} \\ \cdots & \cdots & \cdots & \cdots \\ \gamma_{s1} & \gamma_{s2} & \cdots & \gamma_{sm} \end{bmatrix} \tag{12-19}$$

为灰色关联矩阵，若存在 $l, j \in \{1, 2, \cdots, m\}$，满足：

$$\gamma_{il} \geqslant \gamma_{ij}; i = 1, 2, \cdots, s \tag{12-20}$$

则系统因素 X_l 优于系统因素 X_j，记为 $X_l > X_j$。若 $\forall j = 1, 2, \cdots, m$，$j \neq l$，恒有 $X_l > X_j$，则称 X_l 为最优因素。

表 12-1 是不同扫描速度时熔覆层的几何参数。

表 12-1　不同扫描速度的熔覆层几何参数

V/mm/s	7	8	9	10	11
Y/mm	0.64	0.70	0.68	0.60	0.56
H/mm	0.33	0.30	0.29	0.27	0.24
y/mm	0.18	0.15	0.16	0.20	0.22
h/mm	0.05	0.05	0.07	0.10	0.11

将扫描速度作为母因素序列，将几何参数 Y、H、y、h 作为子因素序列进行灰色关联分析，得到扫描速度与 Y、H、y、h 的关联度，如表 12-2 及图 12-4 所示。

表 12-2　扫描速度与柱状晶几何参数的关联度

参数	Y	H	y	h
关联度	0.90436	0.89339	0.84084	0.87753

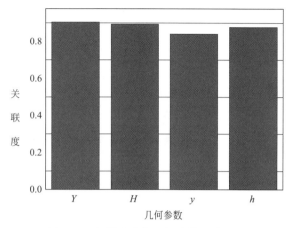

图 12-4　扫描速度与几何参数的关联度

可知，扫描速度与几何参数 Y、H、y、h 的关联度排序依次为 $Y>H>h>y$。这说明，扫描速度对 Y 的影响最大，对 H 的影响次之。因此扫描速度的变化对熔覆层柱状晶的生长影响最大。

12.2　电流对柱状晶几何参数的影响

12.2.1　影响规律

电流对熔覆层柱状晶几何参数的影响规律如图 12-5 所示。由图可知，工艺参数其他因素不变时，电流增大，Y、H 的变化规律相同，先增大后减小，都在电流 $I=120\text{A}$ 时取得最大值。y 先减小后增大，在电流 $I=110\text{A}$ 和 $I=120\text{A}$ 时取得最小值，h 与电流成正比。柱状晶体积在电流 $I=120\text{A}$ 时最大，但随着电

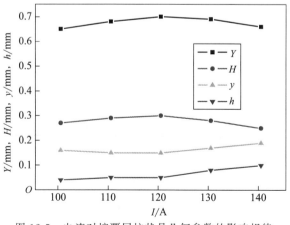

图 12-5　电流对熔覆层柱状晶几何参数的影响规律

流的增大，柱状晶区域减小，熔覆层截面积增大，柱状晶所占熔覆层比例减小，与定向凝固要求相悖。随着电流的变化，Y，H 的浮动区间较小，变化趋势较缓和，所以电流对熔覆层定向凝固组织的生长影响较小。

12.2.2 关联分析

表 12-3 是不同电流的熔覆层柱状晶几何参数。

表 12-3 不同电流的熔覆层柱状晶几何参数

I/A	100	110	120	130	140
Y/mm	0.65	0.68	0.70	0.69	0.66
H/mm	0.27	0.29	0.30	0.28	0.25
y/mm	0.16	0.15	0.15	0.17	0.19
h/mm	0.04	0.05	0.05	0.08	0.10

将电流作为母因素序列，将几何参数 Y、H、y、h 作为子因素序列进行灰色关联分析，得到电流与 Y、H、y、h 的关联度，如表 12-4 及图 12-6 所示。可知，电流与几何参数 Y、H、y、h 的关联度排序依次为 $h>H>y>Y$。这说明，电流对 h 的影响最大，对 H 的影响次之，对 Y 的影响最小。由于 Y 对熔覆层柱状晶区域体积的影响较大，所以电流的变化对熔覆层柱状晶的生长影响较小。

表 12-4 电流与柱状晶几何参数的关联度

参数	Y	H	y	h
关联度	0.91026	0.92874	0.91029	0.92877

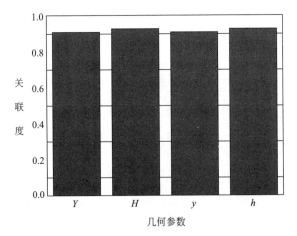

图 12-6 电流与柱状晶几何参数的关联度

12.3　脉宽对柱状晶几何参数的影响

12.3.1　影响规律

脉宽对熔覆层柱状晶几何参数的影响规律如图 12-7 所示。由图可见，工艺参数其他因素不变时，随脉宽的增大，Y 的浮动很小。H 先增大后减小，在脉宽 $S=6\text{ms}$ 时取得最大值。相对于 H，Y 对柱状晶区域体积影响较大，但脉宽的变化对 Y 的影响较小，所以脉宽对定向凝固组织的生长影响较小。y 先减小后增大，h 随着脉宽的增大而增大，说明熔覆层中非柱状晶区域增大，柱状晶所占比例减小。

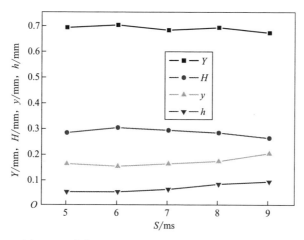

图 12-7　脉宽对熔覆层柱状晶几何参数的影响规律

12.3.2　关联分析

表 12-5 是不同脉宽的熔覆层柱状晶几何参数。

表 12-5　不同脉宽的熔覆层柱状晶几何参数

S/ms	5	6	7	8	9
Y/mm	0.69	0.70	0.68	0.69	0.67
H/mm	0.28	0.30	0.29	0.28	0.26
y/mm	0.16	0.15	0.16	0.17	0.20
h/mm	0.05	0.05	0.06	0.08	0.09

将脉宽作为母因素序列，将几何参数 Y、H、y、h 作为子因素序列进行灰色关联分析，得到脉宽与 Y、H、y、h 的关联度，如表 12-6 及图 12-8 所示。

表 12-6　脉宽与柱状晶几何参数的关联度

参数	Y	H	y	h
关联度	0.86543	0.87444	0.90923	0.93069

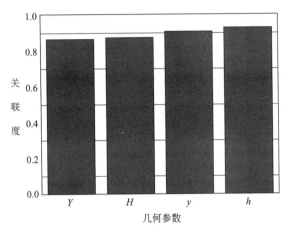

图 12-8　脉宽与柱状晶几何参数的关联度

可知，脉宽与几何参数 Y、H、y、h 的关联度排序依次为 $h>y>H>Y$。这说明，脉宽对 h 的影响最大，对 y 的影响次之，对 Y 的影响最小。由于 Y、H 决定熔覆层中柱状晶区域体积，而脉宽与 Y、H 的影响较小，因此脉宽的变化对熔覆层柱状晶的生长影响较小。由于 Y、H 对熔覆层柱状晶的生长影响较大，而电流对 H 的影响排在第二，所以相对于电流，脉宽对熔覆层柱状晶的生长影响较小。

12.4　频率对柱状晶几何参数的影响

12.4.1　影响规律

频率对熔覆层几何参数的影响规律如图 12-9 所示。由图可知，工艺参数其他因素不变时，随频率的增大，Y 先增大后减小，在频率为 14Hz 时取得最大值。柱状晶区域高度 H 的变化规律与 Y 相近，但在频率为 15Hz 时取得最大值。Y 的浮动区间较大，说明频率对柱状晶的生长影响较大。y 和 h 的变化规律与 Y 相反，先减小后增大，同时在频率为 14Hz 时取得最小值。

12.4.2　关联分析

表 12-7 是不同频率的熔覆层柱状晶几何参数。

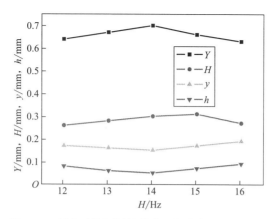

图 12-9　频率对熔覆层柱状晶几何参数的影响规律

表 12-7　不同频率的熔覆层柱状晶几何参数

H/Hz	12	13	14	15	16
Y/mm	0.64	0.67	0.70	0.66	0.63
H/mm	0.26	0.28	0.30	0.31	0.27
y/mm	0.17	0.16	0.15	0.17	0.19
h/mm	0.08	0.06	0.05	0.07	0.09

将频率作为母因素序列，将几何参数 Y、H、y、h 作为子因素序列进行灰色关联分析，得到频率与 Y、H、y、h 的关联度，如表 12-8 及图 12-10 所示。

表 12-8　频率与柱状晶几何参数的关联度

参数	Y	H	y	h
关联度	0.93224	0.94563	0.91673	0.91455

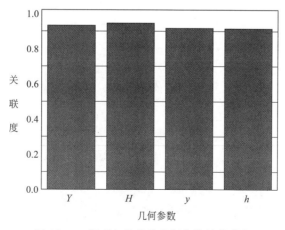

图 12-10　频率与柱状晶几何参数的关联度

可知，频率与几何参数 Y、H、y、h 的关联度排序依次为 $H>Y>y>h$。这说明，频率对柱状晶区域高度 H 的影响最大，对 Y 的影响次之，因此频率的变化对熔覆层柱状晶的生长影响较大。由于扫描速度对 Y 的影响最大，对 H 的影响次之，而 Y 对柱状晶区域体积影响较大，所以相对于扫描速度，频率对熔覆层柱状晶的生长影响较小。

结合灰色系统理论，对工艺参数与熔覆层柱状晶几何参数关联度进行优势分析。工艺参数与熔覆层柱状晶几何参数关联度排序如表 12-9 所示。

表 12-9   工艺参数与柱状晶几何参数关联度排序

参数	Y	H	y	h
扫描速度	1	2	4	3
电流/A	4	2	3	1
脉宽/ms	4	3	2	1
频率/Hz	2	1	3	4

通过工艺参数与熔覆层柱状晶几何参数的关联分析，结合表 12-9 可知，工艺参数对熔覆层柱状晶生长的影响程度由强到弱依次为扫描速度＞频率＞电流＞脉宽。因此，在激光定向熔覆工艺参数的优化中可以优先考虑扫描速度和频率的选择范围，从而减少不必要的工作量，节约时间和成本。

12.5   定向凝固边界条件

12.5.1   激光功率密度

图 12-11 是单点熔覆后的熔覆层俯视图。图中圆圈内熔覆层晶粒为定向生长的柱状晶。柱状晶组织区域的直径大约为 0.7mm。

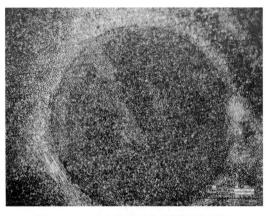

图 12-11   单点熔覆后的熔覆层俯视图

根据熔覆层的外观形貌，简化熔覆层横截面示意图如图 12-12 所示。脉冲激光光斑为圆形，直径为 1mm。所以 $Y=0.7mm$，$y=0.15mm$。对单道单层熔覆层进行测量，H 大约为 0.3mm。所以 $\tan\theta=2$，$\theta=63°$。

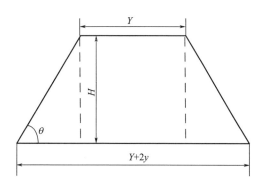

图 12-12 熔覆层横截面简化示意图

Nd：YAG 脉冲激光器单脉冲能量分布在空间上呈近似高斯分布。激光功率密度分布函数近似满足式(12-21)[5]：

$$I(r)=\frac{4P_0}{\pi\omega^2(2\eta+1)}\left[\eta+\frac{r^2}{\omega^2}\right]\cdot\exp\left[-2\frac{r^2}{\omega^2}\right] \tag{12-21}$$

式中，P_0 为激光功率；ω 为脉宽；η 为常数。通过调整 η（$0\leqslant\eta\leqslant1$）的值可以得到贴合实际的功率分布表达式。

激光功率密度分布曲线如图 12-13 所示。柱状晶区域的直径大约为 0.7mm，所以 $r=0.35mm$，则 $I(0.35)=2.2104\times10^5\,W/cm^2$。所以柱状晶与非柱状晶交接区域激光功率密度大约为 $2.2104\times10^5\,W/cm^2$。

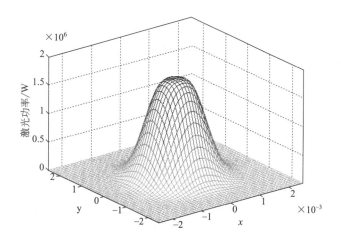

图 12-13 激光功率密度分布曲线

12.5.2　搭接率

在进行单道单层激光熔覆实验时,扫描速度和频率决定相邻激光斑点的搭接面积,体现在熔覆参数上为搭接率。图 12-14（30％和 40％搭接率纵截面简化示意图类似,图中未给出 40％的图）为两种不同搭接率熔覆层纵截面简化示意图,计算其搭接率分别为 30％、40％和 50％。

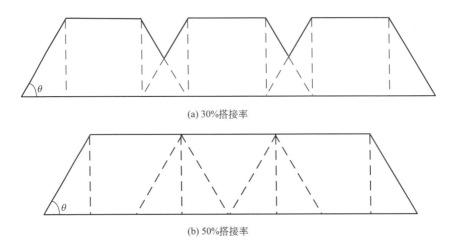

(a) 30%搭接率

(b) 50%搭接率

图 12-14　不同搭接率熔覆层纵截面简化示意图

图 12-15 是不同频率作用下相邻光斑搭接区熔覆层俯视图。图 12-15(a) 中 A 处和 (c) 中 B 处晶粒平行于基材表面生长,并没有沿择优取向定向生长,说明搭接区熔覆层组织并没有达到定向生长的要求。图 12-15(b) 中晶粒沿基材晶粒择优取向定向生长良好。

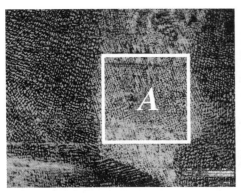

(a) 12Hz

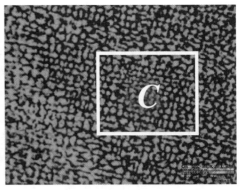

(b) 14Hz

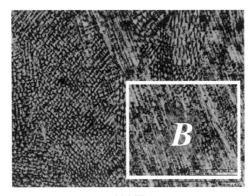

(c) 16Hz

图 12-15 不同频率作用下相邻光斑搭接区熔覆层俯视图

图 12-16 是图 12-15(a) 中 A 处和（b）中 C 处透射电镜（TEM）组织形貌。由图可知，非定向凝固区域 A 处位错明显，说明熔覆层残余应力较大，出现裂纹的倾向较大。定向凝固区域 C 处晶粒排列较规则。

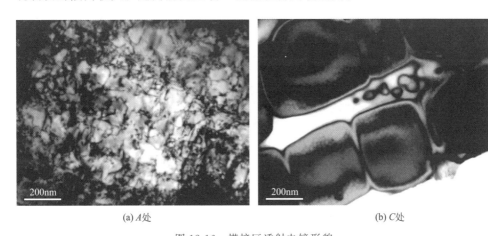

(a) A处   (b) C处

图 12-16 搭接区透射电镜形貌

通过对不同频率搭接区熔覆层显微组织的分析可知，搭接率为 40％时，熔覆层相邻光斑搭接区定向生长良好。由单点熔覆实验可知，单点熔覆层纵向和横向尺寸接近。在进行多道激光熔覆实验时，相邻两道熔覆层存在重叠部分。结合单点熔覆和单道单层熔覆实验，多道熔覆搭接率应该也选择 40％。因为光斑直径为 1mm，所以在进行多道激光熔覆实验时，光斑横移距离为 0.6mm。

参考文献

[1] Ma H Y, Wang M C, Wu W T. Oxygen permeation behaviors and hardening effect of Titanium

Alloys at High Temperature [J]. J. Mater. Sci. Technol, 2004, 20(6): 719-723.

[2] 张琨, 沈海波, 张宏, 等. 基于灰色关联分析的复杂网格节点重要性综合评价方法 [J]. 南京理工大学学报, 2012, 8(4): 579-586.

[3] Kermarrec A, Merrer E L, Sericola B. Secong order centrality: distributed assessment of nodes criticity in complex networks [J]. Computer Communications, 2011, 34(5): 619-628.

[4] 李仁安, 秦晋栋. 基于灰色组合关联度的综合评价方法 [J]. 武汉理工大学学报, 2012, 10(5): 592-600.

[5] Makun, Funsheng Luo, Yunchang Fu. The three dimensions reconstruction of laser heat treatment temperature field [J]. Proceedings of SPIE. Bellingham. WA, 2005, (5627): 192-198.

第 **13** 章

熔覆层组织和结晶取向

——定向熔覆层形成条件之二

研究熔覆层在不同工艺参数作用下的组织特征和晶粒定向凝固的影响因素，对于获得定向凝固熔覆层至关重要。

13.1 横向显微组织

在适当的工艺参数作用下，有的熔覆层整体晶粒生长方向性较好，定向凝固现象较明显。但在定向生长的柱状晶组织区域，夹杂着生长受到抑制、方向性不明显的细小枝晶，如图 13-1 所示。由图可知，在图 13-1(a) 区域 A 处和图 13-1(b) 区域 B 处，晶粒生长混乱、无明显方向性，与周边定向生长的柱状晶区域差别明显。

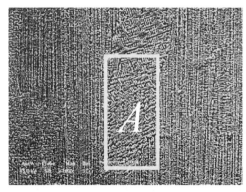 

(a) $V=10$, $I=120$, $S=8$, $H=17$ (b) $V=10$, $I=100$, $S=7$, $H=17$

图 13-1　熔覆层 SEM 形貌

图 13-2(a) 所示结合带处出现了生长不规律的晶粒。位置 A 处熔覆层晶粒为柱状晶组织，定向生长，方向性明显。位置 B 处熔覆层晶粒细小，纵向生长受到抑制，方向性不明显，没有实现熔覆层晶粒组织定向凝固的预期目的。图 13-2(b) 所示熔覆层与基体结合紧密，熔覆层晶粒为柱状晶组织，垂直向上生

长，方向性明显，晶间结合致密。该熔覆层质量和晶粒生长方式满足激光熔覆定向凝固实验的要求。

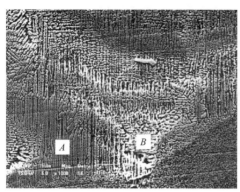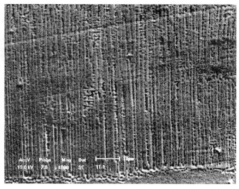

(a) $V=10$，$I=120$，$S=6$，$H=17$ (b) $V=8$，$I=120$，$S=6$，$H=14$

图 13-2　结合带 SEM 形貌

通过对不同工艺参数作用下得到的熔覆层横向截面显微形貌进行分析，可以发现，金相分析选取的横截面位置不同，产生的熔覆层形貌会有差异。工艺参数选择不当，在定向生长的柱状晶组织区域夹杂着生长受到抑制、方向性不明显的细小枝晶。

13.2　纵向显微组织

熔覆层横向截面显微组织分析表明金相试样横截面选取的位置不同，熔覆层的宏观形貌和微观组织会有所不同。为了获得质量优异、无缺陷的熔覆层，有必要对熔覆层纵向微观组织进行分析。

图 13-3 是熔覆层纵向 SEM 形貌。图 13-3（a）是熔覆层底部显微形貌。熔覆层底部晶粒为生长方向性良好、垂直于结合带、互相平行、与基体晶粒生长方向一致的柱状晶。柱状晶细长，横向宽度大约在 $2\mu m$，基本上没有二次枝晶臂。图 13-3（b）是熔覆层中部显微形貌。熔覆层中部晶粒延续底部晶粒的生长，在同方向上继续长大，形成连续的柱状晶。在柱状晶横向方向弥散分布着少量二次枝晶胞，二次枝晶的生长受到明显的抑制，这是因为在激光熔覆过程中，熔覆层中间部位的热流方向垂直于基体表面，从下往上，温度梯度的数量级达到 10^3 以上，枝晶沿温度梯度方向择优生长，横向的生长受到抑制。熔覆层中间部位的柱状晶横向宽度较大，大约在 $2\sim4\mu m$。图 13-3（c）是熔覆层上部显微形貌。熔覆层上部柱状晶垂直向上的生长受到抑制，纵向长度较小。柱状晶的生长方向与基材晶粒的择优取向偏离一定角度，大约在 $0\sim30°$。图 13-3（d）是熔覆层表面显微形貌。熔覆层表面晶粒生长方向杂乱无章，部分晶粒甚至横向生长。晶粒的横

向宽度和轴向长度都较小，在各个方向的生长都受到抑制，这是因为熔覆层表面热流方向近乎平行于基体表面，垂直方向的温度梯度快速减小，不能满足晶粒定向生长的要求，晶粒沿垂直于基体表面方向的生长受到抑制。

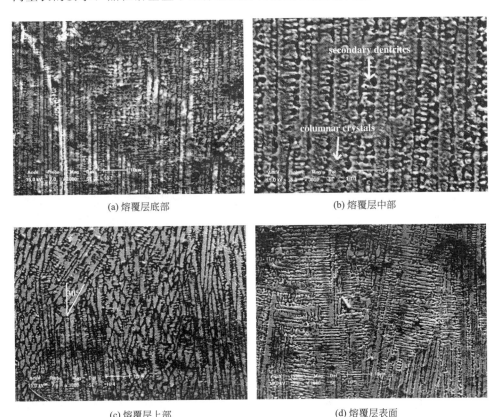

(a) 熔覆层底部

(b) 熔覆层中部

(c) 熔覆层上部

(d) 熔覆层表面

图 13-3　熔覆层纵向 SEM 形貌

综上可知，熔覆层与基体结合紧密，熔覆层晶粒与基材晶粒同向凝固生长，熔覆层晶粒基本贯穿熔覆层整体，达到理想的定向凝固熔覆层组织。

13.3　三维立体成型

由于激光加工条件和单道单层激光熔覆层厚度与宽度的限制，在实际的损伤修复中，往往满足不了较大面积损伤修复的要求，需要进行多道多层激光熔覆。

图 13-4 是多道多层熔覆层 SEM 形貌。实验采用的是定向凝固基体材料，在平行于基体晶粒的择优取向上外延生长熔覆层。图 13-4(a) 是熔覆层全貌。图中箭头所指方向为基体晶粒生长方向，熔覆层晶粒在该方向外延生长。图 13-4(b) 是熔覆层与基体的结合带显微形貌。熔覆层与基体结合紧密，结合带平滑无缺

陷。熔覆层晶粒垂直向上定向生长，定向凝固现象明显。熔覆层柱状晶细长平行，晶间结合致密。图 13-4(c) 是熔覆层中间部位显微形貌。熔覆层晶粒为平行生长的柱状晶，晶粒生长方式符合定向凝固的要求。熔覆层质量良好，没有裂纹、孔隙等缺陷。熔覆层晶粒在下层晶粒生长方向上延续生长，没有出现断层现象，说明在多道多层熔覆过程中，前一熔覆层顶部存在的非定向凝固生长晶粒发生重熔再结晶，在高的温度梯度作用下，和后一熔覆层交融，沿温度梯度方向继续生长，实现定向凝固的延续。

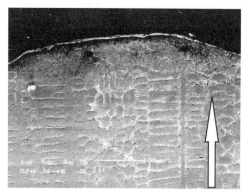

(a) 熔覆层全貌

(b) 熔覆层与基体的结合带

(c) 熔覆层中间部位

(d) 析出物

图 13-4　多道多层熔覆层 SEM 形貌

第**14**章

基材结晶方向的影响

——定向熔覆层形成条件之三

激光熔覆横向、纵向及多道多层实验都是在平行于定向凝固基材晶粒的择优取向上外延生长熔覆层,说明在适当的工艺参数作用下,在平行于基体晶粒的择优取向上外延生长熔覆层,可以实现熔覆层晶粒延续基体晶粒的生长方向定向生长。但为了进一步了解基材结晶取向和晶粒生长方式对激光熔覆层晶粒结晶取向的影响规律,还需要进行定向凝固基材非择优取向以及非定向凝固基材的激光熔覆研究。

14.1 非择优取向

图 14-1 是在垂直于定向凝固基材晶粒的择优取向上外延生长熔覆层宏观形貌,箭头所示方向是基体晶粒生长方向。温度梯度方向自下而上,与基体晶粒生长方向相差 90°。熔覆层晶粒在温度梯度方向上延续生长。

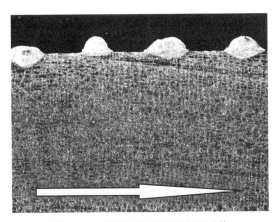

图 14-1 外延生长熔覆层宏观形貌

图 14-2 是熔覆层 SEM 形貌。图 14-2(a) 是熔覆层与基体结合带显微形貌。熔覆层晶粒的生长方式发生了很大的改变。结合带处晶粒结合不紧密、孔隙较

大。枝晶轴向生长不连续，没有显现定向凝固的特征。图 14-2（b）是熔覆层中部晶粒组织形貌。熔覆层晶粒轴向生长受到抑制，横向宽度较大，没有延续下部晶粒连续生长。图 14-2(c) 是熔覆层上部晶粒组织形貌。熔覆层枝晶生长混乱，二次枝晶发达。可见，熔覆层晶粒生长无定向性，没有呈现各向异性特征。基体晶粒的择优取向对熔覆层晶粒的生长方式产生很大的影响。在平行于基体晶粒择优取向上外延生长熔覆层，在适当的工艺参数作用下，可以实现熔覆层晶粒的定向凝固生长。在垂直于基体晶粒择优取向上外延生长熔覆层，仍无法获得晶粒定向生长的熔覆层。

(a) 熔覆层与基体结合区　　　　　　　　　　(b) 熔覆层中部

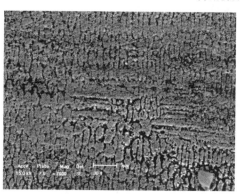

(c) 熔覆层上部

图 14-2　熔覆层 SEM 形貌

14.2　非定向凝固基材

图 14-3(a) 是非定向凝固基体材料的晶粒组织形貌。基体晶粒的典型形貌为六方晶格，晶粒粗大，晶格间结合力相对较小。图 14-3(b) 是熔覆层横向截面全貌。由图可知，熔覆层与基体形成良好的冶金结合。结合带平滑无裂纹。熔覆

层中的白亮线为激光光斑叠加处，熔质二次重熔形成的二次结合带。图 14-3(c)
和（d）是熔覆层结合带和熔覆层中部显微形貌。熔覆层晶粒为枝晶，晶粒致
密、交错生长、无明显方向性。柱状晶的轴向长度较小，生长方向与热流方向不
平行，周围夹杂着横向生长的短小枝晶。可见，在非定向凝固基体上进行激光熔
覆实验，无法实现晶粒贯穿熔覆层的理想定向生长，说明基材的显微组织特征影
响着熔覆层的晶粒生长方式。

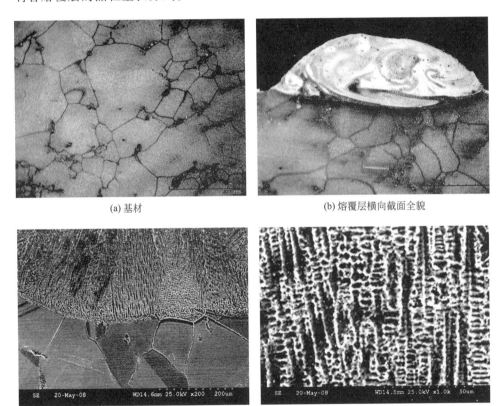

(a) 基材　　　　　　　　　　　　　　　　(b) 熔覆层横向截面全貌

(c) 熔覆层与基体结合区　　　　　　　　　　(d) 熔覆层中部

图 14-3　非定向凝固基体材料的晶粒组织形貌

第 **15** 章

合金元素对熔覆层柱状
晶组织的影响

——定向熔覆层形成条件之四

合金元素由于自身固有性能的不同，在熔凝过程中起不同的作用。熔覆粉末体系的设计是在满足使用性能要求的前提下，综合考虑各元素在合金中所起的作用，往往是在相互矛盾的条件下进行的择优过程。体系中合金元素对熔覆层组织的影响规律，是进一步优化定向凝固粉末体系和结构的依据。

15.1 Mo 对柱状晶组织的影响

图 15-1 为不同 Mo 含量熔覆层组织 SEM 形貌。图 15-1(b) 是 1％Mo 含量熔覆层组织形貌，熔覆层柱状晶定向生长状况较好，晶粒细长、致密。图 15-1(e) 是 1％Mo 含量熔覆层表面组织形貌。柱状晶纵向长度较小，蜂窝状组织较多，大约为熔覆层厚度的 1/5。图 15-1(c) 是 5％Mo 含量熔覆层组织形貌。熔覆层柱状晶较粗大，主干平行，定向明显，几乎没有二次枝晶臂。图 15-1(d) 是 7％Mo 含量熔覆层组织形貌。熔覆层柱状晶粗大，横向宽度为 $4\mu m$ 左右，出现二次枝晶臂，并且二次枝晶臂较发达。7％Mo 含量熔覆层与基体的结合带附近发现少量析出物，如图 15-1(f) 所示。可见，随 Mo 含量增加，熔覆层柱状晶横向尺寸增加，促进了二次枝晶的生长。

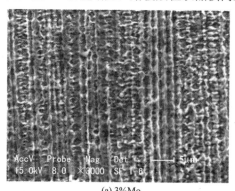

(a) 3%Mo

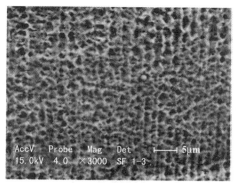

(b) 1%Mo

图 15-1

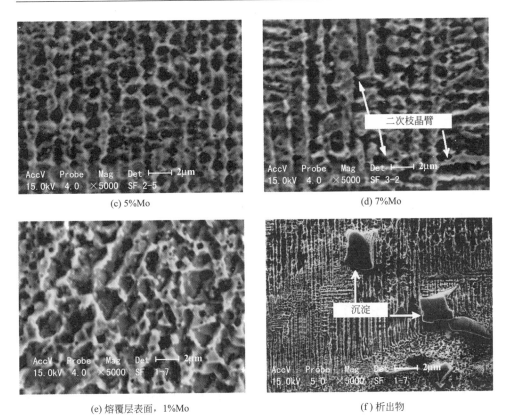

(c) 5%Mo

(d) 7%Mo

二次枝晶臂

(e) 熔覆层表面，1%Mo

(f) 析出物

沉淀

图 15-1（续）　不同 Mo 含量熔覆层组织 SEM 形貌

图 15-2 是 Mo 含量对熔覆层柱状晶几何参数的影响规律曲线。随 Mo 含量的增加，Y、H 先增加后减小，并且都在 Mo 含量为 3％时达到最大值。y、h 与 Y、H 变化趋势相反，先减小后增大，且在 Mo 含量为 3％时达到最小值。说明

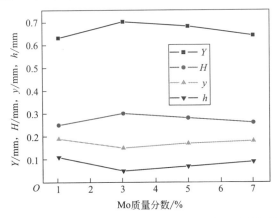

图 15-2　Mo 含量对熔覆层柱状晶几何参数的影响规律

Mo 含量为 3％时，熔覆层中柱状晶生长状况最优，最符合对定向凝固熔覆层的要求。

15.2　Al 对柱状晶组织的影响

图 15-3 是不同 Al 含量的熔覆层组织 SEM 形貌。图 15-3(a) 是 0.5％Al 含量熔覆层组织形貌。熔覆层柱状晶定向生长良好，晶界较细窄。6.5％Al 含量熔覆层柱状晶晶界明显粗大，如图 15-3(b) 所示，对其进行面扫描，结果如图 15-4(a)～(h) 所示。可见多层熔覆相邻两熔覆层之间元素分布过渡平稳，各元素没有明显的分层现象。各层之间实现良好的冶金结合，消除了层与层之间的横向晶界作用，实现了熔覆层微观上的连续，保证了柱状晶定向生长的连续性。

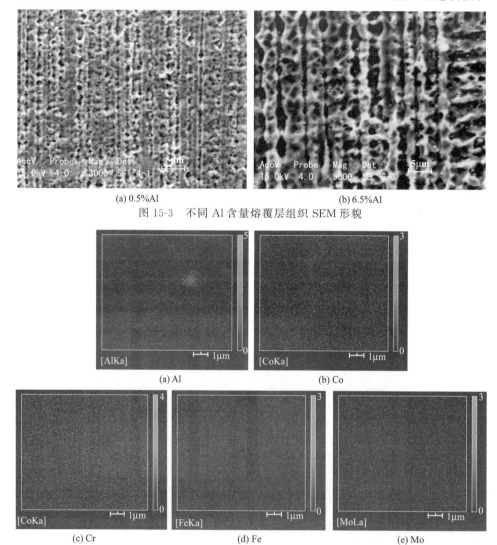

(a) 0.5%Al　　　　　　　　　　　(b) 6.5%Al

图 15-3　不同 Al 含量熔覆层组织 SEM 形貌

(a) Al　　　　　　　　　　　(b) Co

(c) Cr　　　　　　　(d) Fe　　　　　　　(e) Mo

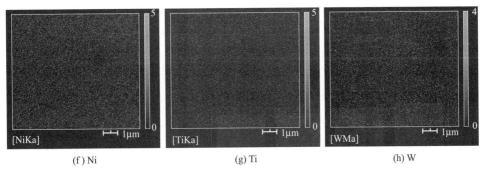

(f) Ni　　　　　　　　　(g) Ti　　　　　　　　　(h) W

图 15-4（续）　图 15-3(b) 面扫描结果

可见，Al 含量的增加，并没有促进柱状晶二次枝晶的生长，柱状晶定向生长明显，晶界随 Al 含量的增加变得粗大。

图 15-5 是 Al 含量对熔覆层形貌的影响规律曲线。随 Al 含量的增加，Y、H 先增大后减小，在 Al 含量为 2.5％时取得最大值。当 Al 含量从 4.5％增加到 6.5％时，H 减小的速率较小。y、h 变化趋势与 Y、H 变化趋势相反，在 Al 含量为 2.5％时取得最小值。Al 含量为 2.5％时，熔覆层中柱状晶区域体积最大，所以此时熔覆层组织最符合要求。

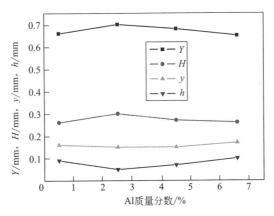

图 15-5　Al 含量对熔覆层形貌的影响规律

15.3　Fe 对柱状晶组织的影响

图 15-6 是不同 Fe 含量的熔覆层组织 SEM 形貌。图 15-6(a) 是 2.5％Fe 含量熔覆层组织形貌。熔覆层柱状晶较明显，定向生长较好，二次枝晶不发达。图 15-6(b) 是 4.5％Fe 含量熔覆层组织形貌。熔覆层中蜂窝状晶粒增多，柱状晶组织减少。可见，Fe 含量的变化对显微形貌有较大的影响。

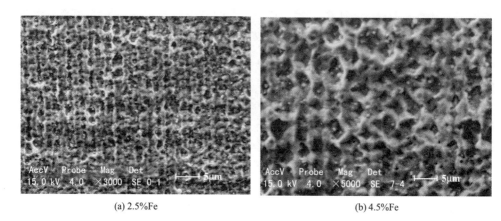

(a) 2.5%Fe   (b) 4.5%Fe

图 15-6　不同 Fe 含量熔覆层组织 SEM 形貌

　　Fe 与 Ni 的热导率及热膨胀系数接近，有利于降低熔凝过程中温度梯度引起的热应力，减少熔覆层出现裂纹的概率。但 Fe 的含量过高时，会降低高温合金的热强性，所以熔覆粉末中 Fe 的含量不应过高。

　　图 15-7 是 Fe 含量对熔覆层形貌的影响规律曲线。Y、H 与 y、h 都呈直线形式变化，但变化规律相反。随 Fe 含量的增加，Y、H 减小，y、h 增大，柱状晶区域体积减小，所以 Fe 含量的增加不利于获得定向凝固组织。

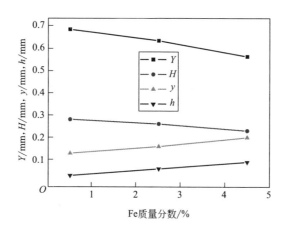

图 15-7　Fe 含量对熔覆层形貌的影响规律

15.4　Ti 对柱状晶组织的影响

　　图 15-8 是不同 Ti 含量的熔覆层组织 SEM 形貌。Ti 的含量为 1％和 3％时，

SEM 形貌如图 15-8(a) 和 (b) 所示, 熔覆层柱状晶纵向生成一些絮状组织。图 15-8(c) 是 7％Ti 含量熔覆层组织形貌。熔覆层柱状晶定向凝固, 生长方向性良好。

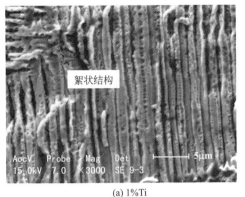

(a) 1%Ti

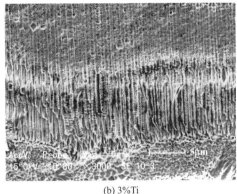

(b) 3%Ti

(c) 7%Ti

图 15-8　不同 Ti 含量熔覆层组织 SEM 形貌

Ti 和 Al 是 γ' 相的主要形成元素, 镍基高温合金的高温性能主要取决于 Ti 和 Al 的加入总量和 Ti-Al 比, 增加 Ti 和 Al 的总量可明显提高 γ' 固溶温度和 γ' 体积分量。当前有最适宜高温强度的合金, Ti 和 Al 之和接近 10％。低 Ti-Al 比, 即 Ti 含量低, Al 含量高, 合金一般在较高温度下使用。高 Ti-Al 比, 即 Ti 含量高, Al 含量低, 合金具有良好的抗热腐蚀性能。当 Ti：Al＝2.0 时, 合金同时具有良好的高温强度和抗热腐蚀性能。提高 Ti-Al 比, 增强抗热腐蚀性, 但 Ti-Al 比过高则容易出现粗大片状（Ni3Ti）相, 使合金脆化, 强度和塑性都急剧降低。定向凝固叶片在高温复杂的环境中工作, 对叶片的高温性能和抗热腐蚀性能要求较高, 所以 Ti 和 Al 的含量比选为 Ti：Al＝2.0。

图 15-9 是 Ti 含量对熔覆层形貌的影响规律曲线。随 Ti 含量的增加, Y、H 变化趋势平缓, Y 在 Ti 含量为 5％时取得最大值, H 在 Ti 含量为 7％时取得最

大值。y、h 变化趋势与 Y、H 变化趋势相反。Ti 含量的变化对熔覆层形貌的影响较小,定向凝固组织的生长较稳定。

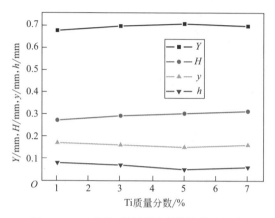

图 15-9　Ti 含量对熔覆层形貌的影响规律

15.5　W 对柱状晶组织的影响

图 15-10 是不同 W 含量熔覆层组织 SEM 形貌。不加 W 熔覆层柱状晶横向宽度相对较小,如图 15-10(a) 所示。3.5%W 含量熔覆层柱状晶更加致密,熔覆层晶粒晶界结合紧密,如图 15-10(b) 所示。W 含量增加到 5.5%时,熔覆层柱状晶横向尺寸粗大,纵向尺寸减小,如图 15-10(c) 所示。图 15-10(d) 是 5.5%W 含量熔覆层上部显微组织。熔覆层上部晶粒横向生长,柱状晶二次枝晶发达,定向生长不明显。由不同 W 含量熔覆层组织 SEM 形貌分析可知,随 W 含量的增加,熔覆层柱状晶更加致密,横向尺寸增大,纵向尺寸减小,促进了二次枝晶的生长。

W 是镍基高温合金中强有力的固溶强化元素。W 主要偏析在枝晶轴上,并进入 γ' 相中强化 γ' 相,使晶格发生大的畸变,显著提高基材的高温强度和红硬性。但是,W 原子量较大,达到 184,远高于其他元素的原子量。如果 W 含量过高,不可避免地会提高熔覆层的密度,容易造成维修部件的密度失调。在熔覆过程中,密度高的元素含量过高,在重力作用下容易向熔池底部集中,会影响熔池中熔质的均匀分布。过量的 W 还能与碳形成碳化钨硬质相,提高耐磨性。但是激光熔凝时间短,不可能对熔质进行充分搅拌,所以必须考虑元素 W 在熔化凝固过程中的流动性,保证熔质的均匀分布,防止出现成分偏析,使得熔覆层性能不平衡。

图 15-11 是 W 含量对熔覆层形貌的影响规律曲线。随 W 含量的增加,熔覆层几何参数都有较大幅度的变化。Y、H 在 W 含量为 1.5%时取得最大值,然后随着 W 含量的增加,Y、H 减小的速度很快。y,h 则有相反的变化规律,在

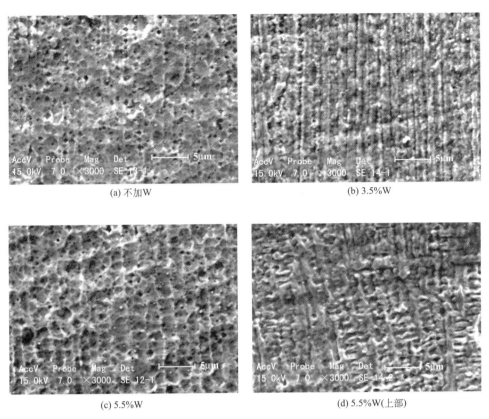

(a) 不加W

(b) 3.5%W

(c) 5.5%W

(d) 5.5%W(上部)

图 15-10　不同 W 含量熔覆层组织 SEM 形貌

W 含量为 1.5% 时取得最小值，然后随着 W 含量的增加而增大。所以 W 含量为 1.5% 时，熔覆层晶粒定向生长最好。

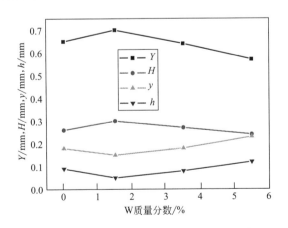

图 15-11　W 含量对熔覆层形貌的影响规律

15.6　关联分析

分别将元素 Mo、Al、Fe、Ti、W 的含量作为母因素序列，将几何参数 Y、H、y、h 作为子因素序列进行灰色关联分析。不同粉末成分熔覆层的几何参数如表 15-1 所示。

表 15-1　不同粉末成分熔覆层的几何参数

（a）不同 Mo 含量对熔覆层几何参数的影响

Mo 含量/%	1	3	5	7
Y/mm	0.63	0.70	0.68	0.64
H/mm	0.25	0.30	0.28	0.26
y/mm	0.19	0.15	0.17	0.18
h/mm	0.11	0.05	0.07	0.09

（b）不同 Al 含量对熔覆层几何参数的影响

Al 含量/%	0.5	2.5	4.5	6.5
Y/mm	0.66	0.70	0.68	0.65
H/mm	0.26	0.30	0.27	0.26
y/mm	0.16	0.15	0.15	0.17
h/mm	0.09	0.05	0.07	0.10

（c）不同 Fe 含量对熔覆层几何参数的影响

Fe 含量/%	0.5	2.5	4.5
Y/mm	0.70	0.65	0.58
H/mm	0.30	0.28	0.25
y/mm	0.15	0.18	0.22
h/mm	0.05	0.08	0.11

（d）不同 Ti 含量对熔覆层几何参数的影响

Ti 含量/%	1	3	5	7
Y/mm	0.67	0.69	0.70	0.69
H/mm	0.27	0.29	0.30	0.31
y/mm	0.17	0.16	0.15	0.16
h/mm	0.08	0.07	0.05	0.06

（e）不同 W 含量对熔覆层几何参数的影响

W 含量/%	0	1.5	3.5	5.5
Y/mm	0.65	0.70	0.64	0.57
H/mm	0.26	0.30	0.27	0.24
y/mm	0.18	0.15	0.18	0.23
h/mm	0.09	0.05	0.08	0.12

根据表 15-1 得到 Mo、Al、Fe、Ti、W 与 Y、H、y、h 的关联度，如表 15-2 所示。

表 15-2　合金元素与几何参数的关联度

Mo	Y	H	y	h
关联度	0.71323	0.69338	0.70332	0.72886
Al	Y	H	y	h
关联度	0.66363	0.6619	0.68944	0.74667
Fe	Y	H	y	h
关联度	0.70212	0.7775	0.58585	0.58678
Ti	Y	H	y	h
关联度	0.66727	0.69255	0.71847	0.70046
W	Y	H	y	h
关联度	0.72409	0.68434	0.60722	0.60346

结合灰色系统理论，对合金元素与几何参数关联度进行优势分析。合金元素与几何参数关联度排序如表 15-3 所示。

表 15-3　合金元素与几何参数关联度排序

合金元素	Y	H	y	h
Mo	2	4	3	1
Al	3	4	2	1
Fe	2	1	4	3
Ti	4	3	1	2
W	1	2	3	4

由表 15-3 可知，Ti 含量对 Y 的影响最小，对 H 的影响排在第 3，所以 Ti 含量对熔覆层柱状晶的生长影响最小。Mo 含量对 Y 的影响排在第 2，对 H 的影响最小，所以 Mo 含量对熔覆层柱状晶的生长影响较小。Al 含量对 Y 的影响排在第 3，对 H 的影响最小，所以相对于 Mo，Al 对熔覆层柱状晶的生长影响较

小。Fe 对 Y 的影响排在第 2，对 H 的影响最大，所以 Fe 含量对熔覆层柱状晶的生长影响较大。W 含量对 Y 的影响最大，对 H 的影响次之，所以相对于 Fe，W 含量对熔覆层柱状晶的生长影响较大。可见，熔覆粉末体系中，合金元素对熔覆层柱状晶生长的影响程度由强到弱依次为 W＞Fe＞Mo＞Al＞Ti。所以在进行熔覆粉末成分设计时，为获得定向凝固组织生长良好的熔覆层，可以优先考虑 W、Fe 的含量。